物化历史系列

古塔史话

A Brief History of Ancient Pagodas in China

刘祚臣 / 著

社会科学文献出版社
SOCIAL SCIENCES ACADEMIC PRESS (CHINA)

图书在版编目（CIP）数据

古塔史话/刘祚臣著.—北京：社会科学文献出版社，2012.3
（中国史话）
ISBN 978-7-5097-3104-8

Ⅰ.①古… Ⅱ.①刘… Ⅲ.①古塔-建筑史-中国 Ⅳ.①TU-092.2

中国版本图书馆 CIP 数据核字（2012）第 008708 号

"十二五"国家重点出版规划项目

中国史话·物化历史系列

古塔史话

著　　者/刘祚臣

出 版 人/谢寿光
出 版 者/社会科学文献出版社
地　　址/北京市西城区北三环中路甲29号院3号楼华龙大厦
邮政编码/100029

责任部门/人文分社　（010）59367215
电子信箱/renwen@ssap.cn
责任编辑/宋淑洁　岳　蕾
责任校对/黄　丹
责任印制/岳　阳
总 经 销/社会科学文献出版社发行部
　　　　　（010）59367081　59367089
读者服务/读者服务中心（010）59367028

印　　装/北京画中画印刷有限公司
开　　本/889mm×1194mm　1/32　印张/5.25
版　　次/2012年3月第1版　字数/103千字
印　　次/2012年3月第1次印刷
书　　号/ISBN 978-7-5097-3104-8
定　　价/15.00元

本书如有破损、缺页、装订错误，请与本社读者服务中心联系更换
版权所有　翻印必究

《中国史话》编辑委员会

主　　任　陈奎元

副 主 任　武　寅

委　　员　(以姓氏笔画为序)

　　　　　卜宪群　王　巍　刘庆柱
　　　　　步　平　张顺洪　张海鹏
　　　　　陈祖武　陈高华　林甘泉
　　　　　耿云志　廖学盛

总　序

中国是一个有着悠久文化历史的古老国度，从传说中的三皇五帝到中华人民共和国的建立，生活在这片土地上的人们从来都没有停止过探寻、创造的脚步。长沙马王堆出土的轻若烟雾、薄如蝉翼的素纱衣向世人昭示着古人在丝绸纺织、制作方面所达到的高度；敦煌莫高窟近五百个洞窟中的两千多尊彩塑雕像和大量的彩绘壁画又向世人显示了古人在雕塑和绘画方面所取得的成绩；还有青铜器、唐三彩、园林建筑、宫殿建筑，以及书法、诗歌、茶道、中医等物质与非物质文化遗产，它们无不向世人展示了中华五千年文化的灿烂与辉煌，展示了中国这一古老国度的魅力与绚烂。这是一份宝贵的遗产，值得我们每一位炎黄子孙珍视。

历史不会永远眷顾任何一个民族或一个国家，当世界进入近代之时，曾经一千多年雄踞世界发展高峰的古老中国，从巅峰跌落。1840年鸦片战争的炮声打破了清帝国"天朝上国"的迷梦，从此中国沦为被列强宰割的羔羊。一个个不平等条约的签订，不仅使中国大量的白银外流，更使中国的领土一步步被列强侵占，国库亏空，民不聊生。东方古国曾经拥有的辉煌，也随着西方列强坚船利炮的轰击而烟消云散，中国一步步堕入了半殖民地的深渊。不甘屈服的中国人民也由此开始了救国救民、富国图强的抗争之路。从洋务运动到维新变法，从太平天国到辛亥革命，从五四运动到中国共产党领导的新民主主义革命，中国人民屡败屡战，终于认识到了"只有社会主义才能救中国，只有社会主义才能发展中国"这一道理。中国共产党领导中国人民推倒三座大山，建立了新中国，从此饱受屈辱与蹂躏的中国人民站起来了。古老的中国焕发出新的生机与活力，摆脱了任人宰割与欺侮的历史，屹立于世界民族之林。每一位中华儿女应当了解中华民族数千年的文明史，也应当牢记鸦片战争以来一百多年民族屈辱的历史。

当我们步入全球化大潮的 21 世纪，信息技术革命迅猛发展，地区之间的交流壁垒被互联网之类的新兴交流工具所打破，世界的多元性展示在世人面前。世界上任何一个区域都不可避免地存在着两种以上文化的交汇与碰撞，但不可否认的是，近些年来，随着市场经济的大潮，西方文化扑面而来，有些人唯西方为时尚，把民族的传统丢在一边。大批年轻人甚至比西方人还热衷于圣诞节、情人节与洋快餐，对我国各民族的重大节日以及中国历史的基本知识却茫然无知，这是中华民族实现复兴大业中的重大忧患。

中国之所以为中国，中华民族之所以历数千年而不分离，根基就在于五千年来一脉相传的中华文明。如果丢弃了千百年来一脉相承的文化，任凭外来文化随意浸染，很难设想13亿中国人到哪里去寻找民族向心力和凝聚力。在推进社会主义现代化、实现民族复兴的伟大事业中，大力弘扬优秀的中华民族文化和民族精神，弘扬中华文化的爱国主义传统和民族自尊意识，在建设中国特色社会主义的进程中，构建具有中国特色的文化价值体系，光大中华民族的优秀传统文化是一件任重而道远的事业。

当前，我国进入了经济体制深刻变革、社会结构深刻变动、利益格局深刻调整、思想观念深刻变化的新的历史时期。面对新的历史任务和来自各方的新挑战，全党和全国人民都需要学习和把握社会主义核心价值体系，进一步形成全社会共同的理想信念和道德规范，打牢全党全国各族人民团结奋斗的思想道德基础，形成全民族奋发向上的精神力量，这是我们建设社会主义和谐社会的思想保证。中国社会科学院作为国家社会科学研究的机构，有责任为此作出贡献。我们在编写出版《中华文明史话》与《百年中国史话》的基础上，组织院内外各研究领域的专家，融合近年来的最新研究，编辑出版大型历史知识系列丛书——《中国史话》，其目的就在于为广大人民群众尤其是青少年提供一套较为完整、准确地介绍中国历史和传统文化的普及类系列丛书，从而使生活在信息时代的人们尤其是青少年能够了解自己祖先的历史，在东西南北文化的交流中由知己到知彼，善于取人之长补己之短，在中国与世界各国愈来愈深的文化交融中，保持自己的本色与特色，将中华民族自强不息、厚德载物的精神永远发扬下去。

《中国史话》系列丛书首批计200种，每种10万字左右，主要从政治、经济、文化、军事、哲学、艺术、科技、饮食、服饰、交通、建筑等各个方面介绍了从古至今数千年来中华文明发展和变迁的历史。这些历史不仅展现了中华五千年文化的辉煌，展现了先民的智慧与创造精神，而且展现了中国人民的不屈与抗争精神。我们衷心地希望这套普及历史知识的丛书对广大人民群众进一步了解中华民族的优秀文化传统，增强民族自尊心和自豪感发挥应有的作用，鼓舞广大人民群众特别是新一代的劳动者和建设者在建设中国特色社会主义的道路上不断阔步前进，为我们祖国美好的未来贡献更大的力量。

2011年4月

目 录

引 言
　　——漫步神州赏古塔 ………………………… 1

一　基础知识
　　——古塔家族万花筒 ……………………… 6
　1. 佛国神境寻塔缘 ………………………… 6
　2. 妙不可言造"塔"字 ……………………… 10
　3. 四大部分说构造 ………………………… 14
　4. 五花八门论质地 ………………………… 18
　5. 条分缕析话分类 ………………………… 22
　6. 形形色色谈妙用 ………………………… 25
　7. 唇齿相依寺与塔 ………………………… 30

二　木楼高阁
　　——中国传统建筑的发展 ………………… 34

三　魏晋南北朝
　　——古塔的初兴 …………………………… 39
　1. 概述 ……………………………………… 39

1

2. 木构楼阁式塔 ……………………………… 42
3. 亭阁式塔 …………………………………… 48

四 隋唐五代
——古塔的成熟 …………………………… 55
1. 概述 ………………………………………… 55
2. 仿木构楼阁式塔 …………………………… 57
3. 密檐式塔 …………………………………… 65

五 宋辽金
——古塔的繁丽 …………………………… 74
1. 概述 ………………………………………… 74
2. 砖石高塔的进一步发展 …………………… 77
3. 花塔 ………………………………………… 91
4. 金属塔 ……………………………………… 96

六 元明清
——古塔的杂变 …………………………… 102
1. 概述 ………………………………………… 102
2. 喇嘛塔 ……………………………………… 105
3. 金刚宝座式塔 ……………………………… 114
4. 琉璃塔 ……………………………………… 121
5. 傣族塔 ……………………………………… 129

附录 我国现存历代名塔一览表 ……………… 135

引 言
——漫步神州赏古塔

漫步在广袤的神州大地上,你会不时地看到一种造型独特的建筑物。它或独立寒山,或深藏幽谷;或傍依江水,或雄踞旷野。它形似亭台楼阁,又非亭台楼阁。最为奇特的,是它那高高耸立的尖顶:或似华美的伞盖,或如巨大的宝珠。它就是我国古代建筑中的一朵奇葩——古塔。

古塔,源于佛教,本是佛祖的茔地,所以又称佛塔;古塔造型精美,多藏金、银、玛瑙等器物,所以又叫宝塔。

但是,古塔虽有外来之缘,却是中华民族传统文化的硕果。它是中国传统建筑艺术融合印度佛塔的杰出创造。

中国古塔的发展历史漫长。从东汉开始,历魏晋南北朝、隋唐五代,迄宋元明清,在近两千年的岁月中,虽潮起潮落,却历久不衰。

中国古塔,形态繁丽多姿。其数量之大,种类之多,艺术价值之高,在世界上出类拔萃。据有关部门统计,仅现存古塔即不下三千;而历史上曾经建造过的塔，其数目之多，当不可胜数。

古塔讲求质地。或为木造，或为砖砌，或为石雕；又有金属塔、琉璃塔、珍珠塔、珐琅塔种种名目……

古塔讲求造型。有单层塔、多重塔，有方形的、圆形的、六角形的、八角形的……

古塔讲求风格。分亭阁式塔、楼阁式塔、密檐式塔、花塔、门塔、傣族塔、金刚宝座式塔……

古塔讲求雕饰。或为佛像，或为诸神，或为动物，或为植物，图案丰富，形象逼真……

古塔讲求色泽。木塔雕梁画栋，花塔浓墨重彩，喇嘛塔洁白无瑕，琉璃塔金碧辉煌……

古塔讲求声韵。有的檐挂金铎，有的内吊巨钟。清风起处，檐铃飘摇，叮当作响；晨昏之时，钟声悠扬，声播远方……

古塔讲求组合。或一塔独峙，或双塔并耸，或三塔鼎立，或五塔共簇，或群塔齐排……

古塔讲求气质。高塔挺拔，直刺云天；低塔小巧，玲珑可爱。有的雄浑厚重，有的纤美秀丽；有的气度飞扬，张牙舞爪；有的神情肃穆，雍容华贵……

这形形色色、多姿多彩的古塔，散布在中国壮丽山川的各个角落。从东海之滨，到西藏高原；从内蒙古一望无际的北方草原，到西双版纳郁郁苍苍的南国丛林；不论是海港码头，还是河湖岸畔；不论是桥边路侧，还是山巅岭上；不论是乡村原野，还是都市街头……古塔，就像颗颗璀璨的宝石、朵朵艳丽的花朵，点缀于蓝天白云、青山绿水之间，使山河益秀，景色更新。

那么，就让我们走到神州大地上，去欣赏这些美妙绝伦的古塔吧。

古都京华，山色水光相映成趣，名寺宝塔美不胜收。这里有中国现存最早的喇嘛塔——妙应寺大白塔，有中国最年轻的密檐式塔——西山八大处灵光寺佛牙舍利塔，有中国金刚宝座式塔的珍品——香山琉璃塔……

名城西安，秦砖汉瓦俯拾皆是，古寺名塔拔地而起。这里有曾经以"题名"而激动万千士子的大雁塔，有曾经以"晨钟"而吸引无数骚客的小雁塔，有因大唐高僧玄奘而饮誉华夏的兴教寺塔，有密檐塔中的特例——檐层疏阔的香积寺塔……

燕赵大地的河北，平川沃野，古塔高耸。这里有中国现存最高的砖塔——定县开元寺塔，有中国极为罕见的花塔——曲阳修德塔、丰润车轴山花塔，有中国最漂亮的门塔——承德五彩琉璃塔，有中国唯一做成花塔形式的金刚宝座式塔——正定广惠寺花塔……

齐鲁之邦的山东，文化昌盛，名塔林立。这里有中国现存最早的石塔——历城四门塔，有号称中国三大铁塔之一的济宁铁塔，有形式别致的大型亭阁式塔——神通寺龙虎塔，有一塔之顶、九塔簇拥、构思奇巧的九塔寺九顶塔……

并州山西，有"古代文明宝库"之称，也是中国最大的"宝塔之乡"，境内古塔不下150座。这里有现存世界上最高的古代木构塔式建筑——应县佛宫寺木塔，有现存最美丽的琉璃塔——洪洞广胜寺飞虹塔，有最高的明代砖塔——汾阳建昌塔，有伴"西厢"而芳名远播的永济普救寺莺莺塔……

中州河南，中华古文明的摇篮，七大古都它拥有其三。这里有中国现存最早的古塔——登封嵩岳寺塔，有中国最大的群塔——少林寺塔林，有中国现存最早最大的琉璃塔——开封繁塔，有中国建塔早期历史上声名最为显赫的洛阳永宁寺塔的遗址……

江苏，号称"人文渊薮"，为人杰地灵之域。山清水秀伴塔影，妙趣横生悦人心。这里有中国现存最完整的早期过街塔——镇江云台山塔，有因《白蛇传》而千秋咏叹的金山慈寿塔，有借水城苏州而蜚声中外的虎丘塔、瑞光塔、罗汉院双塔，有被列为中古世界奇迹之一的南京大报恩寺琉璃塔遗址……

浙江，因杭州而名震天下，有西子而妩媚宜人。览浙江古塔，到西子湖畔。这里有肩宽体胖、威镇钱塘的六和塔，有纤秀丽洁、一尘不染的白塔，有颓然醉叟如老衲垂拱的雷峰塔，有窈窕淑女似美人远眺的保俶塔……

八闽之地福建，人们常用"三山两塔一条江"来概括福州的形胜。这里有中国现存最高的石塔——泉州开元寺双石塔，有造型奇特、独秀一方的泉州开元寺球形塔，有百年传说动人心的晋江姑嫂塔，有千年引航予人便利的福州罗星塔……

西南边陲云南，银苍玉洱风情独具，拔天秀塔丽映南天。这里有大唐文化标志的密檐式大理三塔，有仿古精品、形象逼真的昆明东、西寺塔，有充满神话色彩的下关蛇骨塔，有尽显傣家情韵的瑞丽姐勒大金塔、景洪曼飞龙白塔……

放眼神州大地，一片塔的海洋。以上的巡礼，仅仅是择取重点之地，走马观花而已。然而，即便如此，我们也已感受到：古塔，这无处不在的精灵，早已成为地方的标志，而为人们"似曾相识"了。

古塔，既是宗教的产物，更是人类智慧的结晶；既是砖、石、木组成的动人乐章，更是自然美与人工美结合的美妙诗篇。它那俊美的身影，千百年来牵动着无数人的思绪和情怀，为它祈祷，为它徘徊，为它吟咏，为它挥毫。

古塔，是一脉魂魄。它独傲千年古刹，象征着佛的永恒存在。

古塔，是一件圣物。它吸引着万万千千虔诚的香客，匍匐身下，顶礼膜拜。

古塔，是一面历史的镜子。它饱经风雨，历尽沧桑，使人目睹之下，回忆起那一去不返的遥远时代。

古塔，是一部迷人的书卷。每一座古塔都有一个动人的来历，每一座古塔都有一段美丽的故事。

古塔，是一盏不灭的明灯。它指引远航的水手，使他们在茫茫夜空中升腾起温馨的希望。

古塔，是一条不断的丝线。它使离乡的游子魂牵梦萦、百般依恋。

…………

看到这里，也许你已迫不及待地想知道：古塔到底是种什么建筑呢？它的来龙去脉又是怎样的呢？要知端详，我们只有到古塔王国里，慢慢品味那七彩的世界。

一　基础知识
——古塔家族万花筒

1　佛国神境寻塔缘

古塔是中外文化"联姻"的产物。它的"祖母"是中华民族传统的古建筑，它的"外婆"则是印度的佛教。

塔在"娘家"时的原名叫"窣（音 sū）堵坡"。这是古印度梵文的音译，它的本意是指"坟冢"。坟冢本来是埋葬尸骨的地方，但窣堵坡里埋的不是尸骨，而是"舍利"。舍利也是梵文的音译，至于它是种什么东西，要从佛祖那里谈起。

佛教起源于公元前 6 世纪古印度的迦毗罗卫国，这个地方今天地跨印度和尼泊尔。佛教的创始人是迦毗罗卫国国王的儿子释迦牟尼。

相传，释迦牟尼死后，他的弟子阿难陀等人在火化其遗体的时候，意外地得到了一些晶莹明亮、七彩斑斓、击之不碎的珠子。这一神奇现象，使教徒们惊诧不已，对师傅的无限敬畏和崇拜油然而生。

现在有种说法认为，长期素食和静坐念佛的僧人，肠胃中容易产生一种叫结石的东西。这些结石经焚烧后就会变成一些光洁有彩的小珠。当时的佛教徒把它当成一种神秘的圣物，恭敬小心地将之捧拾起来，和佛祖的骨灰一起，埋入地下，封土垒台，时时祭拜。这个土垒的台子，就是印度的第一座窣堵坡。它里边所埋葬的佛祖的遗物，就叫做舍利，而那些所谓的圣珠又叫舍利子。

古时候，印度的土葬习俗并不盛行。当时人死后通常有三种葬式：一是"积薪焚燎"，即所谓火葬；二是"枕流漂散"，即所谓水葬；三是"弃林铺（音 bù）兽"，即所谓野葬。佛祖第一座窣堵坡的出现，大概标志着印度土葬的兴起。

关于窣堵坡的起源，还有另外一些说法。如《善本生经》上说，佛在"过去世"曾降生在一长者家中，取名善生。善生长大后，因祖父病重，请求代死以谢神灵。善生死后，其父感动于儿子的孝行，将他的尸骨埋到自家的乐苑里，并建造一座窣堵坡，香花供奉，长年礼拜。

《菩萨投身饲饿虎起塔因缘经》中又说，很久很久以前，国王的三个儿子随父王郊游，遇到一群嗷嗷待哺的幼虎，正依偎在行将饿死的虎妈妈身边啼哭。小王子最仁慈善良，不忍目睹这一惨状，于是脱光衣服，刺破全身，纵身跳到饿虎身边，用自己的血肉之躯拯救了老虎母子。国王深为感动，将其剩骨带回王宫，建了一座高高的窣堵坡来纪念并表彰他。这个小王子也就是释迦牟尼。

类似的动人故事，很多佛经中都有记载，当然不足为信，但它们却共同说明了窣堵坡这种建筑形式是从佛祖释迦牟尼那里来的。

在佛教中，舍利是一种至高无上的神圣之物。佛祖涅槃（去世）以后，教徒们无法再向佛的真身叩拜，便转而供奉佛舍利，于是纷纷建造窣堵坡。

但佛祖的遗物毕竟有限。当佛的舍利子、骨灰、牙齿、毛发乃至衣钵等所有与佛有关的东西皆被加以供奉之后，还不能满足信徒的要求。这样舍利所包含的内容就不断增加，从而出现了形形色色的代用品。

先是大凡有造化的高僧，死后焚尸所剩遗骸等也被归入舍利之列；后来，佛经中干脆解说道，如果找不到舍利，那么金银、琉璃、水银、玛瑙，甚至大海边拾取的清净砂粒、山坡上采到的神奇药草以及竹木根节等，都可以造为舍利。

舍利内容的增加，标志着印度窣堵坡的建造得到了广泛普及。它既是用来供奉佛的，就得像个样子。那么，这些印度窣堵坡形状是什么样的呢？

这首先也要听一个传说。有一天，佛祖的弟子从毗舍问老师：我们怎样才能真正表达对您的虔诚呢？佛祖无言，沉思了一会儿，顺手把他身披的方袍平铺在地上，然后将其化缘用的钵倒扣其上，再把锡杖竖立于覆钵之上。这种无言的启示，点化了弟子。因此，他们在建窣堵坡奉祭时，就遵循了老师的意图：窣堵坡下部为方方正正、类似方袍的基座，中间为半圆形覆钵状的土冢，上边是细高的锡杖状尖顶。并且，这种建筑式样，一经佛祖授意，便成了印度所有窣堵坡的基本形式。

当然，这仅仅是传说而已。印度最初建造的释迦牟尼窣堵坡，现在多已不存，存者也由于不断重修而面目皆非，早已异于原物，所以人们很难了解当时的情形了。不过，从现存建筑较早的例子来看，它们基本上就是上文中所说的那种坟冢的样子。当然较之最初的窣堵坡已大大改进了。

印度现存最早的一个窣堵坡是建成于公元1世纪前后的桑奇窣堵坡。这个时代相当于我国的东汉时期，那时佛教刚传入我国不久。

桑奇窣堵坡的形式，完全是一座坟墓。它的中央是一个半圆覆钵形的大土冢，冢顶上有竖杆和圆盘。半圆冢之下为基台。基台上设有栏墙，前面并开梯级供上下。半圆冢的外围，有栏墙环绕。栏墙的四面辟门，安设石制牌坊门。前面牌坊门侧，有技法和图案都很精美的雕狮立柱，这与中国古时墓前华表柱的安设有些相似。

在今印度北部葛拉克波县城外45公里之拘尸那伽佛涅槃处，有一座较晚建造的窣堵坡，其形式与桑奇窣堵坡一脉相传，仍然是一个坟冢的式样。这种窣堵坡后来传入我国，演化成我国的覆钵式喇嘛塔。

印度窣堵坡在不断进化的同时，也在不断地传播。相传，释迦牟尼的舍利，当时被八个国王分别带回自己的国家去供奉，因此古印度出现了八座具有纪念性的窣堵坡，这大概是窣堵坡在印度的初传。但印度窣堵坡往域外传播，则是佛祖灭度后 200 多年的事。

公元前 3 世纪中叶，古印度摩揭陀国孔雀王朝的国王阿育王尊佛教为国教，并下令在他统领的 84000 个小邦国中，都要建窣堵坡，这就是佛教史上所盛传的"阿育王八万四千塔"。其实，这个巨大的数字，只不过是"佛国"里无穷多的意思，并不是具体的数字。但从这个夸大的数字里可以看出，当时的印度窣堵坡正经历一个全面扩散的时代。

阿育王既是一位伟大的君主，又是一个虔诚的教徒。据佛经上说，他原先野蛮残暴，曾经一次杀死 10 万多手无寸铁的战俘，后来听从别人的规劝，皈依了佛门。他凭借自己的地位和对佛的忠心，开创了古印度佛教传播的黄金时代，而窣堵坡也正是在这时随着佛教传出印度，走向世界。

公元纪年前后，佛教开始传入我国，同时也带来了佛教的"女儿"窣堵坡。这个"洋妞"，很快与我国传统建筑中的亭台楼阁相结合，经过近 2000 年的悲欢离合，在中国辽阔的大地上繁衍出了一个五彩缤纷的古塔大家族。

2 妙不可言造"塔"字

印度的窣堵坡来到中国后，培育出了中国古建筑中的一个新生儿。在此以前，中国不仅没有塔这种建筑类型，而且也没有"塔"这个汉字。既然是个新东西，就应该有个新名字，而这个名字的诞生却颇费了一番周折。

开始的时候，人们给它起的名字林林总总不下20个，这当然都是译经家们的功劳。归纳起来大体有这么几类：

一是从语音直接翻译过来的。如除了窣堵坡外，还有"私偷婆"、"擞偷婆"等，再简化一点，又叫"偷婆"。这种音译固然省劲，译出的字面意思却很怪，于是又出现了第二类。

二是从意义上来译的，有"灵庙"、"高显处"或"功聚德"等等。此译意思似乎表达出来了，但又感到不太贴切，这样就有了第三类。

三是干脆从形状上译，如"方坟"、"圆冢"等，可中国的塔与坟冢已相差甚远，因而这样的名字更不合适。聪明一点的人便另辟蹊径，于是出现了第四类。

四是叫"佛图"、"浮图"或"浮屠"等。实际上这是印度梵文中"佛"字语音的另一种译法。它本应该译作"佛陀"的，用它来指代佛塔，似乎比较高明了，因而很是流行了一阵子。我们现在所见到的魏晋以前的诸史书，如《后汉书》、《三国志》等，都保留了这种称呼。除此以外，我国的俗语中也有"救人一命，胜造七级浮图"的广泛说法。

说它高明一些，不仅因为它巧妙地借用了"佛"的音译来指代佛塔，而且它的字面意思还与另一种早期佛塔形式相吻合。这种塔就是源于印度的"支提"式塔。

"支提"也是梵语的音译，它指的是刻有纪念性佛塔造型和其他雕刻的石窟。早期的印度佛教徒们为了礼佛的方便，把窣堵坡的形象移植到自己修行的禅窟中，这就是支提式塔。起初还是真塔模型，后来则干脆图刻到窟的后壁上，前面留有一个较大的礼佛念经的空间。

　　支提式塔传来中国后，即发展成为中国特有的石窟寺。这种石窟空间甚小，几乎没有活动空间，僧众的居住和集会常常是在洞窟的前面或在旁边另建寺院。石窟内的雕像则除了支提式塔外，还有其他佛教图案和故事。

　　支提式塔在后来中国古塔的发展中不是主流，但在佛教起初流行的一段时间里，它却得了到大规模发展。不仅如此，作为充分体现佛教雕刻艺术的石窟寺，它还与寺院等结合为一个密不可分的整体，成为从事佛教传播活动的大场所。

　　沿着历史上佛教在汉地传播的宽阔地带，密密排列着一系列蜚声中外的石窟。它们当中有著名的敦煌莫高窟、天水麦积山石窟、山西云冈石窟、河南龙门石窟以及河北响堂山石窟等。这些石凿洞窟，综合了壁画、建筑及雕刻等各类佛教艺术，向人们展示了丰富多彩的佛教文化。它们当中有大量的神佛、宝塔、飞天以及动物和植物图案等，还有大量热闹有趣的生活场面。这些不同的佛教内容，有的被塑成巨像，有的用浮雕的形式表现出来，有的则干脆将图画绘制在石窟壁上。从形式上看，它们都是与"佛"有关的图，有些又是浮雕形式的图，而石窟又与佛寺是连为一体的，这样，用"佛图"或"浮图"等来称呼佛教场所或标志物就很切合实际了。

大体上，魏晋以前，人们将露天建造的所谓舍利塔叫做"窣堵坡"，而将佛教教义、传教人乃至一切与佛教有关的东西统称之为"佛图"、"浮图"或"浮屠"等。当然，在佛教天地里，塔是最醒目、最重要的建筑，久而久之，这些名字也就更多地用在它身上了。

尽管"佛图"等名已起得不错，但古代人们并不满足，因为它毕竟还是翻译过来的，叫起来总有些拗口，缺乏亲切感。这里边有个心理问题，那就是古老的汉文化有着强烈的认同性，对任何外来文化，我们的先辈们总喜欢与本土原有之物相比较，尽量寻找出它们在原有文化中的归属。这样，到两晋时期，人们又开始将窣堵坡这外来之物与中国原有建筑相比较，但比较的结果却使他们很为难。

窣堵坡传入中土后，就与中国传统的亭台楼阁相结合，产生出形体挺拔高耸的新式塔。从形状上看，它很像亭楼建筑；可从性质上讲，它是用来祭佛供佛的，有陵墓的性质，因而无论归入前者，还是归入后者，都不太合适。

面对这一难题，先辈们再一次发挥了聪明才智：那就干脆造一个字吧。这样，东晋葛洪的《字苑》里首次出现了"塔"这个汉字。

塔这个字造得好！怎么个好法，先让我们来分析一下。塔字在古汉语中又写作"墖",就字义来说,它由三部分组成,即"土"、"合"和"田"。土既代表了土木建筑,又代表了土冢之意;合则有坟墓或楼阁内密闭建筑空间的意思;田字呢,它象征了佛是主宰,居统治地位,有无边的法力。就字音来说,它既采用了"佛陀"一词的音韵,较"佛图"等名称更简洁;又与汉语的"他"字音相同,意味着这是外来之物。就字形来说,去了提土旁,"墖"字的右边极像一座顶部尖尖的佛塔。

总而言之,塔这个字造得可谓妙不可言,它一旦出现,便取代了那些各种各样的早期名字,并很快以主人的身份在汉语大家族中立住脚跟,进而成为中国古代灿烂建筑文化中地位显赫的一员。

3 四大部分说构造

印度早期的窣堵坡形体简单,一般由台座、覆钵、宝匣和杆、伞等组成。台座位于最下方,通常是一个薄层方台;覆钵坐落在台座之上,作为塔身;覆钵之上是方箱形的宝匣,宝匣又叫宝箧(音 qiè);宝箧之上是竖杆和圆伞所组成的塔刹。

从公元前 2 世纪起,窣堵坡的台座逐步增高,塔刹装饰物也不断增加。到 12 世纪,犍陀罗贵霜王朝的窣堵坡,下部承以方台,方台之上是由原来的台座发展成的三四层的塔身,覆钵上的塔刹也更复杂,整个塔形往瘦而高大方向发展。

窣堵坡传入中国以后，受传统民族建筑的影响，在形式上发生了很大的变化。主要表现在两个方面：一是塔身借用了中国传统的亭阁或重楼形式，而印度原来的窣堵坡被整体模制到塔顶上去，成为塔刹。二是塔基的下方出现了存放舍利等佛物的地宫。这样，中国的古塔自下而上一般分别由地宫、塔基、塔身和塔刹四部分组成。

①地宫。地宫是塔体地下部分的一个特殊建筑空间，又叫"龙宫"或"龙窟"。这些别称的出现，是由于一些偶发现象所致。从前，有些塔的地宫因防水性能不好或年久失修，使地下水渐渐渗出并溢满地宫。人们不能正确理解这种自然现象，讹称为"海眼"，从而附会出某塔是用来镇压海眼的说法。久而久之，地宫也就被描述成"龙宫"或"龙窟"了。

地宫是专门用来存放舍利或佛像、经卷等法物的密室，一般用砖砌成，其形状则往往随塔的造型而定。地宫中主要存放一个石函，石函内是层层的石匣或用石头、金银、玉翠等制作的小型棺椁，佛舍利便珍存在最内层的石匣或棺材中。

古塔的地宫是一个特殊的建筑部分。中国古代的地上建筑，其地下基础部分大都是夯打坚实的地基，宫殿、楼阁和坛庙等无不如此。而在印度，舍利不是存放在地下，而是藏于塔身或塔刹中。古塔地宫的出现，模仿了中国古代帝王陵寝传统的地宫埋葬形式，只是在规模上远没有它们浩大而已。

②塔基。塔基覆盖在地宫之上，是整座塔的下部

基础，一般用砖、石叠砌而成，其形状也多随塔的造型而定。

早期的塔基一般都比较低矮，也很简单，常常仅有一二十厘米高，极不明显。有的甚至由于年久残缺，从地上根本看不见了。到唐代，为了使塔体更加高耸突出，有的塔在塔身下又增建了高大的基台。此后，塔的基础部分急剧发展，渐变成基台和基座两部分。前者就是早期塔下较矮的塔基，后者则是专门用来承托塔身的坐垫。

基台由于比较低矮，又近地表，因而仍然较为简单。基座部分则往往大加雕琢，精雕细刻，修饰繁杂，是整个塔体中雕饰最为华丽的部分。

辽金以后，塔的基座越来越往高大华丽的方向发展，而且大都做成"须弥座"式。须弥即佛教中所称的须弥山。佛教世界观认为：宇宙的中心为一座极大、极高的山，称须弥山或妙高山，周围为大海环抱，是佛与菩萨、诸神人居住的地方。以须弥山命名，有最为稳固之意，因而用以承托塔身。须弥座又通常与仰莲瓣相结合。莲花象征着纯洁，表现出佛界对世俗的一尘不染。

基座的出现对塔的整体造型作用重大。从建筑结构来说，它承托起上部塔体，使塔体保证了坚固和稳定；从建筑艺术来说，基座的存在增加了塔的整体美感，使古塔更加庄重、大方和富有变化。

③塔身。塔身坐落在基座之上，是塔的主体结构部分。印度早期窣堵坡都是实心的土石墩，传入中国

之后，塔身发生了很大的变化，其总的特点是往高处发展。中国古塔在塔身部分又表现出千变万化，无论在高度、平面形状、内部结构、外部形态乃至装潢修饰上都千差万别。正因为如此，我们很难在此一一述及。关于塔身的具体情况，后文中各有关章节将予以介绍。

④塔刹（音chà）。塔刹是指安设在塔身之上的顶子。有圆形的，有尖形的；有用砖石砌筑的，有用金属制成的，形式多种多样。

"刹"这个字是梵语的省音译，又译为"乞叉"或"乞洒"等。它的本意指的是田土，用在塔中代表国土或佛国，安在塔顶表示崇高和尊敬。

印度早期的窣堵坡也设塔刹，但都很简单，通常只有一根不长的刹杆和一层或三重金属圈。传入中国以后，窣堵坡的整个形象被搬上塔顶，作为塔刹。中国古塔的塔刹结构复杂，通常又分为刹座、刹身和刹顶三部分。

刹座紧挨塔身，是塔刹的基础。其形状有砖砌的素平台，更多的则是须弥座，须弥座上多砌仰莲或忍冬花叶形来承托刹身。

刹身是塔刹的主要部分。其下部是一形如两个平底钵对口所组成的圆鼓形建筑，中间是套贯在刹杆上的圆环，圆环之上置华盖。华盖又称宝盖，是刹身的冠饰。刹身的圆环佛教术语称作"相轮"。"相"的意思是"人仰视之"，相轮的作用则是作为塔的一种仰望标志，借以达到敬佛礼佛之目的。相轮数目的多少往往标志着塔的等级的高低：等级越高，相轮数目就越多。早期佛塔的相轮尚没有定制，后来逐渐形成了一、三、五、七、九、十一、十三个的规律。

刹顶在宝盖之上，通常由仰月、宝珠或火焰组成，是全塔的顶尖。

塔刹作为塔的最为崇高的部分，其作用至为重要：从建筑结构来说，它收结了顶盖；从建筑艺术来说，它以高插云天、玲珑挺拔的气势冠盖顶峰，有力地突出了宝塔的雄伟气魄和宗教神圣性。

4 五花八门论质地

所谓古塔的质地，指的是古塔是用什么材料建成的。

中国地大物博，历史悠久，建筑文化源远流长。历代能工巧匠们巧夺天工，几乎用尽了所有可以用于建筑的材料。古塔的建造也是如此。同时，由于塔是用来保存佛舍利的，出于对佛的尊崇和忠诚，信徒们不惜花费巨资，制造出种种极为珍贵的舍利塔。如金塔、银塔、珍珠塔、象牙塔、珐琅塔等等。当然，由于造价的昂贵或材料的稀缺，这些真正的"宝塔"一般都体量很小，数量也不多，通常置于室内或塔内，供祭拜或观赏。

就室外矗立的高塔来说，用于造塔的材料也可谓包罗万象。如土、石、木、砖、铜、铁、陶、琉璃等。这些不同的建筑材料，有些可以单独成塔，有些是几种材料相结合。因而，古塔的质地可以说是形形色色的。在此，我们将常见的一些质地类型作概括归类介绍。

①石塔。石头作为建筑材料在中国是一种普遍现象。用石头造塔，主要可分为两种情况。一是整个塔体完全由石头雕刻或砌筑而成。这样的石塔形体一般不大，通常为单层塔，但也有巍峨高耸的石塔，如泉州开元寺双石塔，高度都在40米以上，其中一塔高48米，相当于15层楼的高度。二是配合其他材料，石头多用来建造塔基和塔座。这种塔不仅本身讲究造型，而且非常注重雕饰。中国古塔的石雕艺术特别发达。

②木塔。中国古代建筑历来以木结构为主，早期的古塔也多为木结构建筑。它采用传统的梁、柱体系，结合以桁（音 héng，梁上横木）条、斗拱负重承托，门窗棂格形式多变以及内修藻井、外装飞檐等技术，使古塔显得线条流畅柔和、飞舞活跃。尤其是塔柱、塔梁及门楣等处，多施以雕刻与彩绘，更使木塔五彩斑斓、气宇轩昂、令人瞩目。

木塔具有很多优点，但也存在不少缺陷，如易遭虫蛀、火焚，长期保存困难等。因此，后来便与坚硬耐久的砖石材料相结合，出现了砖、木，或砖、石、木混合结构的古塔。这样的塔以砖、石等砌壁，以木材做楼板、飞檐及游廊、栏杆等，集木、石、砖各种建材优点于一身，可谓古塔建筑史上的一大创造。

③砖石塔。砖、石开始作为建造古塔材料的时间比较早，只是早期的砖石塔不如木塔那样流行。由于

砖石的经久耐用以及良好的防火等性能，使砖石塔最终取代了木结构式塔，而成为中国古塔建筑中的主流。我们现在所能见到的古塔，绝大多数为砖石塔。

砖、石尽管不像木材那样使用方便，在塔檐挑翅幅度和造型上都受到限制，但造塔匠们在砌筑技术上进行了大胆的创新和发挥。其中最具说明性的是"叠涩"方法的运用。所谓叠涩，就是以砖累砖，上层砖边探出下层，运用这一手段，可以将塔檐等部分砌筑得各具特色。加之在塔身之上饰以各种美观多变的浮雕纹样，使砖石塔并不显得单调呆板。

砖石塔在中国得到了充分发展，并在建筑技艺上达到了炉火纯青的程度。在外形上，它继承了传统建筑四方八面的风格，立体线条，直中有折，方正而富变化；各层外壁逐层收紧，并隐起柱枋、斗拱，覆以腰檐，塔檐的四角方中见圆，刚中带柔，层次明朗；整个塔体显得简洁、古朴、端庄、厚重。

当然，砖石建筑也存在不足，主要表现在出檐较短，平座栏杆形同虚设，不便或不能走出塔外；受力学承重原理的影响，在高度上也受到一定限制。因此，它曾一度与富有弹性、便于加工的木材相结合，创造出砖、石、木混合型塔。

④金属塔。金属塔虽然多种多样，但体量较大的露天金属塔，主要有铜、铁两种质地。这些金属塔一般是由塔模浇铸而成的，因而上下为一个整体。受金属价值的影响，铜、铁塔的高度一般都比较有限。有些铜、铁塔底部加筑了高高的基台，使塔看起来比较

高大。如山东省的济宁铁塔高 23 米，真正的铁铸部分其实只有 10 多米。

金属塔虽然在高度上受到限制，但在造型上却有得天独厚的优点。由于金属具有较强的可塑性，人们在建塔模时可以随心所欲，将塔体设计成任何砖、石、木材都表达不出的形体来。只要雕出模子，就能铸出塔体，因而金属塔一般外表华丽，纹饰复杂，非常精致生动。

⑤琉璃塔。琉璃是我国具有独特民族风格的传统高级建筑装饰材料。一般常见的有黄、绿、蓝、白、赭等色。它是在陶体制品表层加涂富有光泽的釉质经煅烧而成的，制品不仅色调鲜明，光彩夺目，能起很好的修饰作用，而且能防止风化和粉蚀，姿彩瑰丽，金碧辉煌。

琉璃的使用在中国有着悠久的历史，但普遍使用却是在唐宋以后，到明清时达到高峰。从帝王宫殿，到坛庙寺观等，都普遍使用了琉璃瓦件作装饰。早期琉璃产量少，用来装饰塔的很少见。琉璃宝塔的大量出现是在明清时期。这时的琉璃生产数量大，而且除了琉璃瓦外，还产生了琉璃面砖。色泽鲜艳的琉璃饰件装扮在塔身之上，使宝塔显得更加流光溢彩，斑驳陆离。

当然，琉璃仅仅是一种塔表装饰材料，塔体的内部往往仍是用砖石等建造。

以上所介绍的只是一些常见的建塔材料，除此以外，在我国现存古塔实例中还有纯粹的陶塔以及用土坯和草泥所建造的土塔等，因为很少见，所以就不多讲了。

条分缕析话分类

古塔的分类是个非常复杂的问题。这不仅是因为中国古塔千姿百态，丰富多样，几乎少有两塔完全相同的例子；更重要的是，由于所使用标准不同，古塔可以有各种各样的分类法。如"论质地"一节，实际上就是从质地这个角度对古塔进行了分类。不同的分类方法，必然存在着相互重叠的现象。也就是说，一座古塔，从不同的角度，可以划归不同的类型。

但要了解中国古塔，不知道古塔的分类情况几乎是寸步难行的。以下我们分别从一些常见的角度，对古塔进行简单的归类介绍。

①从层数上分。这是最简单的分类，一般将古塔分成单层塔和多层塔两类。顾名思义，单层塔塔身只有一层。亭阁式塔和喇嘛塔都属单层塔，一般被用来作为僧人的墓塔。多层塔又可分为三、五、七、九等不同的层数。古塔层数通常为单数，这是由于传统意识中单数为阳数，含有吉祥的意思。

②从平面形状来分。所谓平面，指塔的横截面。印度早期佛塔都是圆冢形的，中国古塔初兴时，由于受传统方形木结构建筑的影响，塔体平面也往往建成方形。但方形建筑稳固性差，因而后来渐渐向六角形、八角形、十二角形发展，当然也有圆形的。总的看来，早期古塔以方形为主，隋唐以后多为八角形。这充分体现了中国古代"四平八稳"的建筑传统。

③从内部结构来分。古塔的内部结构可以分为实心和空心两种类型。实心塔塔体内部用土坯填满或用砖石砌平，一般不能登临。密檐式塔多采用这种结构方式。空心塔塔体内部留有建筑空间，有的全部为空筒，有的用木板等隔出楼层，一般都筑有阶梯可通上下，塔的内壁也往往进行精心装饰，使塔内、塔外都具有较高的艺术观赏性。

④从用途上分。古塔原来只有一种用途，即宗教功能，但在中国的发展过程中，不断被古人加以奇妙地利用，于是除了宗教性外，又产生出其他许多神奇的功能，从而出现不同类型的塔。据此，可将古塔分为如下几类：

舍利塔。指专门用来供奉舍利的佛塔，是保持古塔最原始功能的一种塔。又可分为真身舍利塔和法身舍利塔两种。真身舍利塔因藏有佛祖遗物，即真身舍利而得名，法身舍利塔则因只藏有经卷等法物而无佛祖真身而命名。

僧墓塔。指为有道高僧或一般僧尼死后存放骨灰所建的塔。一般僧尼的塔多为小型亭阁式塔；高僧塔有的建造得非常壮观，如西安兴教寺玄奘墓塔等。

导航塔。指修建于江河岸边或海港码头，用以指引航船安全通过或顺利靠岸所建的塔。为方便夜间导航，通常都装有灯笼，故又有灯塔之称。如杭州的六和塔等。

风景塔。指建于风景名胜之地，用以增加景致的塔。有的是为了弥补形胜之不足，有的是为了突出中心或统揽全景。

风水塔。指古人出于追求生活平安和美好的善良愿望，为趋吉避凶所修建的塔，如镇邪塔、文风塔、文运塔、文星塔等。

⑤从建筑风格上来分。这是古塔分类中最为重要、使用最为普遍的一种。所谓建筑风格，指的是结构形式和艺术造型。据此，可将我国古塔分为如下几个基本类型：

亭阁式塔。这是结合中国古代亭阁建筑形式而出现的一种小型塔。塔体为单层，因而有时又直接叫做单层塔。

楼阁式塔。这是结合中国传统的高台楼阁的建筑形式而产生的一种塔型。其突出特点是仿分层式楼阁建筑，形体高大。楼阁式塔是中国古塔家族中最为庞大、艺术水平最高、流行最广的一支。

密檐式塔。这类塔因塔体外表檐层密集而得名。它与楼阁式塔同属高大型塔。密檐式塔是由楼阁式塔发展而来的，但其密集檐层与内部楼层不相一致。

喇嘛塔。这类塔的名称来自喇嘛教。喇嘛教即藏传佛教，由于喇嘛教建塔通常都用一种固定的形式，故以教派之名来命名塔。喇嘛塔外形像一个巨大的瓶子，故又叫瓶形塔。

金刚宝座式塔。这类塔是为礼拜金刚界五部佛而设计建造的。其特点是下部为一高台，台上周边建四塔，拱卫着中间一幢较高的塔，形成五塔共簇的造型。

花塔。这是中国古塔发展过程中所产生的一种造型新颖的塔。其特点是塔身的上半部装饰繁杂，形如花束，故有其名。花塔也属于高大型塔。

傣族塔。这是分布在中国西南边疆傣族居住区所特有的一种塔体类型。它形似喇嘛塔，但较喇嘛塔纤细、挺拔，风格独具。

其他诸形式的塔。除了上述七种类型的古塔外，中国各地还分布着一些造型更加奇特的塔。它们或兴建于一时，或局促于一方，不为人们所多见。其中如过街塔、门塔、阙式塔、钟形塔、球形塔、经幢式塔、高台列塔以及引言中所提的济南历城九顶塔，等等。另外，还有一些塔是将几种风格的塔组合于一体，如把楼阁式塔置于喇嘛塔之上，或将喇嘛塔置于楼阁式塔之上，等等。

6 形形色色谈妙用

塔是佛教的产物。最初它是释迦牟尼的坟冢，后来扩大为供奉佛舍利及其他宗教文物的建筑。佛塔长期作为寺庙的组成部分，或以高僧、和尚等墓塔的形式出现。这一切都表明塔是一种宗教性建筑物。

在中国，经过近2000年漫长岁月的演变，古塔的宗教内涵虽然没变，但外延却在不断扩展。这突出表现在除了礼佛拜佛的宗教功能外，古塔还被赋予了许多特殊的用途。尤其是发展到后期，甚至已经很难看出它的宗教性质和特色，而成了一种全新的实用建筑物。

要面面俱到地介绍古塔的妙用是困难的，在这里我们只能择其重点，举例说明。

①登高眺远，愉悦身心。"半月腾腾在广陵，何楼何塔不同登。共怜筋力犹堪任，上到栖灵第九层。""步步相携不觉难，九层云外倚栏杆。忽然笑语半天上，无数游人举目看。"

这两首诗，是唐代著名诗人白居易和刘禹锡在扬州相遇、携手同登栖灵寺九级佛塔后，各自留下的优美诗篇，诗中生动地刻画了诗人登塔时的愉悦心情。

登塔览胜，作为消闲漫游的一种方式，在中国由来已久。史载，北魏灵太后在洛阳永宁寺塔竣工之后不久，即"幸永宁寺，躬登九层浮图"。灵太后登塔，恐怕不仅仅是为了奉佛拜佛，更可能是借高塔以览洛城风貌。而南北朝文学家庾信所写的《和从驾登云居寺塔》的五言诗，就直接描述了他登塔所见到的美好景色。诗中说："重峦千仞塔，危登九层台。石阙恒递上，山梁作斗回。"从这些记载中可以看出，早在古塔初兴的魏晋南北朝时期，登塔眺远之举已很普遍。

唐宋以后，登塔游览之风更为盛行。最为有名的是长安大雁塔的"雁塔题名"。当时考中进士的学子，都要到大雁塔登高临远，舒展胸怀，然后在塔下题名留念。这一风雅活动，成为当时万千士子所追求和向往的一桩美事。

当然，最热衷于登塔眺览的还是大批的文人墨客。在中国古代浩如烟海的文学作品中，登塔、咏塔的诗文不胜枚举。如宋朝政治家、文学家王安石在登江苏镇江金山寺慈寿塔后，就写下了一首优美的七言绝句："数层楼枕层层石，四壁窗开面面风。忽见鸟飞平地起，始惊身在半空中。"这些华丽辞章，不仅使我们领略了古人们登塔抒怀的高雅时尚，而且将我们带入诗情画意的情景中去，其感觉妙不可言。

是的，或春和景明，或秋高气爽，三五好友，笑语相伴，步步升高，山川秀色，渐入眼帘，那情那景，怎不让人心旷神怡。

印度的窣堵坡作为保存佛舍利的半圆形坟冢，无论从建筑形式上，还是对佛的尊崇来说，都不能也不宜登攀。中国古塔是结合传统高台楼阁的建筑形式而来的，而中国的楼台本来就具有登高眺览的用途，加之古代匠师在造塔之时又对塔的结构做了许多改进，使之不仅有楼梯上下，而且门窗洞开；每层塔身又挑出平座，绕以游廊。这样，古塔这种本来就带有神圣意味的高层建筑，就有了比高台楼阁更吸引文人雅士登高眺远、愉悦身心的吸引力。

②装点河山，美化风景。登塔眺远，是为了欣赏四周的无限风光；而古塔本身，也以其挺拔秀美的身姿，成为大好河山中优美风景的点缀。它或居高山之巅，以彰山川之秀；或建于道路端景之中，以增形胜之美；或屹立古城中心，成为城市标志；或身处城市一隅，形成宗教游览胜地。总之，不管身在何处，古塔都具有高品位的观赏性。

明朝文人冷崇在一篇名叫《创建文星塔记》的文章

中写道:"自古以来,那些优美的风景名胜区,虽然自然的风景占了一半,而人为的加工也占了一半。……杨公来我县为官,上任后就游览了韩城县的山川名胜,对韩城的风景非常喜爱。但是感到有所不足的是东北方向的山峰还不够耸拔,于是与本县乡绅士人们商议,修建一座浮图来弥补它。塔上塑了一个魁星像,塔北建了一座文昌庙。于是风景更加完美了。"这段文字充分说明了古塔在造景方面的巨大作用。

古塔不仅可以造景,还能育景。北京玉泉山的玉峰塔,不仅装点着西山峰峦,而且成为颐和园的绝妙借景。最能说明问题的是北海公园琼华岛上的白塔,它在园林艺术上,既使琼华岛景观变得更为完美,又使整个北海的景色有了统率的中心。无论人们从北海的东岸、西岸、北岸,还是从"金鳌玉蝀"桥上看去,满目青翠,白塔丽洁,湖中倒影,历历在目,宛若一幅美妙的"塔山楼阁图"。

如果说早期的古塔装点河山、美化风景的效能尚处于无意状态的话,明清以后,这种作用已被人们有意识地发挥了。直到今天,在园林构景中,也还十分注重古塔的这种功能的运用。

③观敌瞭望,军事防御。塔这种建筑物,不但高,而且可以借以隐蔽和住歇,因而在驻扎军队、瞭望远方敌情,以至于进行防御射击等方面,都有很大的优越性。在古代战争条件下,军事家们早就看中并运用了塔的这些妙处。

塔作为一种建筑灵活的设施,可以随时随地随情形而修造。在一马平川，缺少高山或大树等制高点的地方，平添一塔来御敌，的确不失为一种高招。

我国古塔有不少都曾经在历史上立下赫赫战功。尤其是坐落在古代边境或军事性城镇的古塔，无一例外地发挥了这一功能。如明代坐落于九边重镇的陕西榆林凌霄塔、宁夏银川西寺塔等。

充分发挥观敌瞭望、军事防御之妙用的古塔典型，是古代辽宋交界处的两座名塔：一处是山西应县佛宫寺释迦塔，一处是河北定县的"料敌塔"。前者是辽军为观察经常神出鬼没、搞突然袭击的宋军杨家将而修建的，虽然称为释迦塔，实际上完全变为军事性建筑。后者是宋方建立的，并干脆直接冠以"料敌塔"之名。料敌塔是中国现存最高的一座古塔，高达84米，相当于一座20层的高楼。这在当时恐怕是建塔的最高水平了。登上塔顶极目远眺，冀中平原尽收眼底，其"料敌"效果当真卓然不凡。

④导航引渡，指桥标路。在一些江河岸边、海湾港埠以及长桥古渡等地方，常常可以看到有宝塔高高耸立。这些塔建造的时候，原本大多是出于迷信思想，作为镇鬼压邪之物。这似乎与"佛"有着些许瓜葛，但实际上，它们在人们心理上只起到稳定情绪、保证安全的作用。不仅如此，由于古塔的高标挺立性，它又往往成为指示津梁、标明大道的指示物。在平川旷野之中，高塔可以远远地被发现，循塔找桥寻路，避免绕弯多走。塔的这种妙用恐怕是造塔者所始料未及的。

高塔的导航作用尤其重要。江河转折、急流险滩处，往往是驾船者望而生畏之地；而茫茫夜空中，疲惫的航行者更需要一盏明灯指示港湾码头。在中国的古代文献上，早就有"海船夜泊者，以灯塔为指南"的记载；文学作品中，更有塔上"点燃八百灯笼火，指引千帆夜竞航"的诗句。可见塔的导航作用，很早即被人们所认识和利用。

以导航引渡而著名的古塔，在我国举不胜举。如杭州的六和塔，福建泉州的姑嫂塔、六胜塔，上海青浦的福田寺塔以及安徽安庆的迎江寺塔等。

除了上述所列古塔的妙用外，塔还有其他一些显著的用途，如供凭吊怀古、寄托情思，甚至于进行历史研究、考古调查等。

7 唇齿相依寺与塔

"寺"本来是中国古代官吏衙门的名称，如鸿胪寺、太常寺、大理寺等。佛教初传的时候，印度僧人来华布道，先是被安排居住在接待外宾的鸿胪寺里，后来又在别处为他们新建住处，但仍沿用了"寺"的名称，这就是我国最早的佛寺——洛阳白马寺。当时，佛寺的中心建筑物是佛塔，佛塔是用来祭拜佛祖的，于是人们又在"寺"的后边加了一个"庙"。庙也是中国古代原有的东西，它本指的是祭祖的场所。寺与庙组合而成的"寺庙"便专指佛教活动的固定场所了。

在梵文中，寺庙称为"精舍"、"兰若"、"阿兰若"、"伽蓝"、"僧伽蓝"等。早期中国,寺庙一词也不盛行,人们仍习惯按这种音译来叫。如北魏杨衒之的名著《洛阳伽蓝记》便保存了这一叫法。

伽蓝是印度完整意义上的寺庙。初期,它主要由佛塔和僧舍两部分组成,佛塔不仅是祭拜的对象,也是讲经的场所,是整座寺庙的中心和主体建筑;而僧舍只是附属的僧人居处。后来,专用讲堂的出现代替了佛塔的讲经场所功能,但塔仍然是一座寺庙所必有的建筑。

中国早期佛寺的平面布局大致和印度伽蓝相同。塔居于佛寺的中间,是寺的主体。如洛阳白马寺,其布局就是以一个大型方塔为中心,四周绕以廊庑门殿。据史载,自从洛阳修建白马寺后,全国有不少地区相继照样修造"梵宫佛塔"。"梵宫"与"佛塔"相提并论,也说明了寺与塔的关系是唇齿相依、密不可分的。

到了北魏时期,城市建筑里坊制形式的出现,影响了寺庙的平面布局。这时的寺庙以塔为中心,塔后建佛殿,四周布置僧房楼观,四面还各开一门,完全是一个四合院。

这种以塔为主、塔在殿前的寺塔布局关系,一直延续到隋代。到了唐初,寺塔布局出现变化。先是作为念经拜佛的殿堂逐渐升级,出现塔、殿左右相对、寺塔并列的形式,以后又渐渐地把塔建于寺旁、寺后,甚至把塔排出寺外或另建塔院。

出现这一变化的原因,主要是受中国传统庭院建筑布局的影响。中国的传统庭院,不管是宫殿、衙署还是宅第等，均为多重庭院所组成。庭院的这种布局形式，自殷商以来即逐渐形成，其传统根深蒂固。佛教作为外来宗教，要想在中国大地上站住脚，就必然要利用人们已有的习惯形式。而佛寺作为传教的场所，以传统的房屋建筑形式来建造，容易使人心理上认同，当然就会取得更好的传教效果。

鉴于此，早在唐初，佛教律宗创始人道宣（596~667年）即根据我国的具体情况，制订出《戒坛图经》，把早期以塔为中心的寺庙布局改变成以佛殿为中心的形式。

自佛教广泛传播以后，上至帝王公卿，下至富家巨室，许多人纷纷将宫室第宅舍作寺院，以表示对佛的虔诚。较早的记载见于《洛阳伽蓝记》：北魏正光年间（520~525年），有一个名叫赵逸的隐士，修宅时从地下挖出数万块砖，并有一刻着"太康六年"（285年）的石铭，原来其宅是晋代太康寺的遗址。于是他便舍宅为寺，起名叫灵应寺，并且用所得之砖建造了一个三层的塔。

现存最早的古塔嵩岳寺塔所在的寺院，则是由皇帝"舍宫为寺"的。嵩岳寺原名闲居寺，本来是北魏宣武帝拓跋恪的离宫，建于永平年间（508~512年），正光元年（520年）加筑了一座砖塔并扩大了院落，后来宣武帝归天，其子便把它舍作寺院了。

随着舍宅为寺行为的增多，中国传统的宫殿、第宅等建筑形式，进一步与佛寺建筑相结合。到了宋代，禅宗寺院又发展为"伽蓝七堂"制度。所谓七堂，即指佛殿、法堂、僧堂、橱库、山门、西净、浴室。这样，原来印度的伽蓝形式便全部被中国式的殿堂、院落式的布局所代替。

唐代以后，塔在寺院中的地位渐趋次要，大殿成为寺内进行佛事活动的主要场所，有些规模较小的寺庙甚至干脆不再建塔。但个别地区或个别时代，也还有一些把塔作为寺院主体的例子。如建于辽金时期的内蒙古林西庆州白塔等，就是建在寺院大殿的前部，占据了重要地位。

中国的寺庙建筑大体分依山式和平川式两类。不管其位置何在，内中最为醒目的标志都是高高耸立的刹，因此寺庙也被称作"寺刹"、"梵刹"或"僧刹"。刹最初是指佛塔顶部的特有建筑形式，后来佛寺的殿宇之巅有时也加以兴建，尤其是寺前的幡杆常常就被叫做刹。这样，只要有佛寺存在的地方，就有刹高耸，数里之遥，即可望见。

总之，寺与塔的关系是密不可分的。尤其是早期的佛寺，有寺必有塔。由于寺院布局的变化和历代的兴衰演替，有塔无寺、有寺无塔，甚或塔、寺皆毁的情况很多，所以我们在了解早期古塔发展的情况时，就不能不从佛寺的记载入手。

二　木楼高阁
——中国传统建筑的发展

中国古代建筑的内容极为丰富。从用途上讲，有宫殿、府第、民居、坛庙、园林、陵墓、桥梁、城垣等；从形式上讲，有亭、台、楼、阁、轩、榭、廊、庑等。这些建筑物起源都很早，在早期的甲骨文、金文和一些古文献中都有记载。而古塔这种建筑类型，相比较而言则是后起之秀。

建筑是人类最基本的实践活动之一，它几乎是与人类文明相偕而来的。不仅如此，建筑文化内容广博，从建筑材料、建筑技术到建筑形式、建筑艺术等等，可谓包罗万端。中国古代建筑文化更是如此。要面面俱到地谈中国建筑传统显然是不可能的。在此，我们仅从影响古塔诞生的两个方面，即高台楼阁建筑和传统的木结构建筑入手加以分析。

早在新石器时代，居住在黄河中游的氏族部落，在利用黄土层为壁体的土穴上，用木架和草泥建造简单的穴居，并逐步发展为地面上的房屋。大概到殷商时期，又有了成熟的夯土技术，殷商后期已营造了规模较大的宫室和陵墓。西周和春秋时代的统治阶级营建了很多以宫室为中心的大小城市，这些宫室多建在高大的夯土台上。早期简单的木构架房屋建筑，经商周以来的不断改进，也已逐渐成为中国古建筑的主要结构方式。

先秦文献曾多次提到过"台榭"建筑，对它们的描写除了华丽奢靡之外，多形容它们是如何的高、如何的大。帝王统治者往往不惜花费大量的人力物力来营建它，凭借这些"高台榭、美宫室，以鸣得意"。如吴王夫差所造的姑苏台，号称"高达三百丈"；楚、秦两国也分别建有所谓的"三休台"，意思是需要休息三次才能到达台顶，可见其高；晋灵公造了个九层的台，经三年尚未完工；而魏襄王筑了个"中天台"，更想把台筑到天高的一半。

这里要注意的是，中国古代的台，是一种高而平的建筑物，一般供望远或游玩之用；而所谓的榭，是指建在高台上的木构敞屋等建筑。也就是说，上边所提那些诸多的高台，并非是孤立的土台子，而是土台之上，周回廊庑，建有一组庞大的木建筑群体。

秦始皇统一六国后，为了炫耀国力，征发70余万刑徒修建庞大奢华的阿房宫和骊山陵，并集中了全国的巧匠良材，模仿六国宫殿的形式，集中修建在咸阳北面的高地上。在首都附近200里内出现了270多处离宫别馆。这组规模巨大、体系完整的建筑群，充分显示了当时高水平的木建筑技术。不仅如此，由于它们是模仿战国各国宫室，这就使当时的各种不同建筑形式和技术经验初步得到了融合与发展,从而为秦汉建筑的进一步发展奠定了基础。

汉继秦起,疆域的不断扩大、中西交通道路的开辟,使帝王统治者更加感到有"威震四海"的必要,表现在建筑上则是宫室楼台更加巨大和华美。如首都长安的未央、长乐等宫殿,都是周围长达十公里左右的大建筑组群。两汉时期,由于社会发展的需要,伴随着木结构技术的成熟,台榭建筑逐渐转化为采用单纯的木结构形式,与此相适应的是木构多层楼阁,即重楼的大量增加。关于重楼的结构形式,要从木构架的特点谈起。

中国古代建筑以木构架结构为主要结构方式,创造了与这种结构相适应的各种平面和外观。从原始社会末期起,一脉相承,形成了一种独特的风格。中国古代木构架有抬梁、穿斗和井干三种不同的结构方式。其中,尤以抬梁式结构最为普遍。

抬梁式木构架至迟在春秋时代已初步完备。这种木构架是沿着房屋的进深方向在石础上立柱,柱上架梁,再在梁上重叠数层瓜柱和梁,最上层梁上立脊瓜柱,构成一组木构架。在平行的两组木构架之间,用横向的枋联络柱的上端,并在各层梁头和脊瓜柱上安置若干与构架成直角的檩(音 lǐn)。这些檩上除排列椽(音 chuán)子承载屋面重量以外,檩本身还具有联系构架的作用。这样由不同组数的木构架就可以建造出三角、正方、五角、六角、八角、圆形;扇面、万字、田字及其他特殊平面的建筑和多层的楼阁。

在一些高级抬梁式木构架建筑物上，立柱和内外檐的枋上安装斗栱。所谓斗栱，是在方形坐斗上用若干方形小斗与若干弓形的栱层叠装配而成。斗栱最初用以承托梁头、枋头，还用于外檐支撑出檐的重量，后来又用于构架的节点上，而出檐的深度越大，斗栱的层数也越多。斗栱的发展，至迟在周朝初期已有在柱上安置坐头，承载横枋的方法。到汉朝，成组斗栱已大量用于重要建筑中，斗与栱的形式也不止一种。除了斗栱以外，木构件还有梭柱、月梁、雀替等，它们从形状到组合经过艺术处理以后，便以艺术品的形象出现于建筑物上。

穿斗式木构架也是沿着房屋进深方向立柱，但柱的间距较密，柱直接承受檩的重量，不用架空的抬梁，而以数层"穿"贯通各柱，组成一组组的构架。井干式木构架则是用天然圆木或方形、矩形、六角形断面的木料，层层累叠，构成房屋的壁体。

重楼式建筑在汉代得到普遍发展。它的特点是由单层构架重叠成楼，利用本身的自重相压挤而保持稳定。平面上多采用方形或矩形。楼面结构，则利用井干原理，在方形柱网的柱头上，以枋木相咬接形成方圈，其上铺列楞木，楞木上有楼板。楼板上安设地栿木，相交成圈，地栿木上再立柱以构成第二层。余此上推。

在外形上，层与层之间用斗栱承接腰檐，其上置平座，将楼阁划分为数层。这种在层檐上加栏杆的方法，不仅满足功能上遮阳、避雨和凭栏眺望的需要，同时各层腰檐和平坐有节奏地挑出与收进，使楼的外观既稳定又有变化，并产生各部分虚实明暗的对比作用，创造了中国楼阁式建筑的特殊风格。

印度窣堵坡随佛教进入中国以后，其半圆冢式结构最早就是与这种木构重楼相结合，产生出独具风格、造型优美的中国式宝塔。其后，随着古塔的演变，又相继出现了其他种种类型的塔，从而形成我国古塔家族百花齐放的壮观景象。

三　魏晋南北朝

——古塔的初兴

1　概述

从本章开始，我们将以时间为经、以类型为纬，对中国古塔作系统介绍。选取这样一种叙述方式，目的是让读者对中国古塔的历史演变有一个更完整、更清晰的认识。但任何一种类型的古塔，都有一个发生、发展的过程。换言之，将某一类型的塔放在某个历史阶段介绍，并不意味着它仅在这一时间段存在，而是可能在这一时间开始出现或得到充分发展。另外，为增加读者的感性认识，我们对每一类型的古塔都选取了一系列现在仍然存在的典型塔体作详细介绍。但受体例和材料的限制，有些实例虽然放在较后的时段介绍，而其初建时间可能在此前；有些虽然放在较前的时段介绍，其初建时间又可能在此后。凡此种种，不再一一说明。

魏晋南北朝时期，佛教得到广泛普及。尽管偶有个别统治者一时采取了限制的态度，但并未阻挡佛教的进一步流传,并且最终在城市和乡村都得到了长足的发展。伴随着佛教的深入人心,形形色色的佛教建筑也应运而生,大小佛寺遍布城乡各地。

根据早期佛寺"有寺就有塔"的布局形式判断,这一时期的佛塔数量当非常可观。这些佛塔,有的是由国家主持修造的,有的是由民间私人捐资兴建的。除了较大规模的高层佛塔外,还有一种更为普及的小型塔。这种小塔,多建于佛教信徒的家中或坟头,以供祭拜或显示其对佛的虔诚。据史书记载,当时上至帝王公卿,下至普通百姓,多在坟冢上模仿印度佛塔形式建塔。这一方面说明了塔的广泛普及,另一方面也标志着当时建塔数量的确很多。

这一时期,佛塔的分布可以说遍及全国各地。由于佛教的传播是以城市为据点的,因而城市建塔较农村为多。从整体来看,当时的佛塔有两个集中区:一个是以建康为中心的江南区;一个是以大同、洛阳等地为中心的北方区。出现这种局面的原因,是这些地方都曾做过国都,属于"天子脚下"之地,而统治阶级的大力倡佛,必定影响着佛寺和佛塔的修建。这种影响力以国都为中心向四周扩散,因而出现了集中分布的特点。

这一时期,佛塔的发展具有以下几个特点:

①由于佛塔是从中国的亭台楼阁演变而来的,而中国传统建筑的特点是以木结构为主,因此这一时期的佛塔也多为木塔。自北魏中期开始,随着砖的产量和质量的逐步提高,开始出现了砖石塔,但数量很少。

金属材料虽然已有运用，但主要用作装饰，如塔刹上的相轮和金盘等。

②从建筑风格来说，基本有两种类型：一类是高大的楼阁式塔，一类是比较矮小的亭阁式塔。前者多为寺庙内的中心建筑，即较为重要的塔；后者是流行在民间的普及型塔，发展到后来，渐渐成为僧尼的墓塔。这一时期的后期，已经出现密檐式塔型，但仅仅是个别塔例而已。

③从建筑形制来说，木塔大都建于一个比较高的台基或须弥座上；塔身自下往上，逐层变窄变低。塔的平面绝大多数为四方形，后期逐渐出现了六角形和八角形塔，但数量不多。

④从建筑技艺来说，沿用了我国传统木结构楼阁的建筑和装饰手法。木构件形式多种多样，如柱的形状就有方形、圆形、长方形和八角形之分，斗栱的结构和组合更复杂。尤其是塔身的腰檐和平座栏杆，伸张比较远，这不仅满足了遮阳、避雨和凭栏眺望的功能，同时各层腰檐和平座有节奏地挑出与收进，使塔身外观既稳定又有变化，并产生各部分虚实明暗的对比作用。在装饰方面，有人物纹样的菩萨、飞天、神话故事和社会生活场景等，有动物纹样的龙、凤、狮子和金翅鸟等，有植物纹样的莲花、璎珞和卷草等，还有大量的几何图纹。这些纹样，应用于梁、柱、斗栱、门窗和天花板等处，使塔体细部显得精雕细琢。而在色彩上，柱涂丹色，斗栱、梁架及天花板等施以彩绘，使塔体更加生动活泼、富丽堂皇。

总之，在魏晋南北朝时期，从古塔的初兴开始，就显出卓然不凡的建筑特色。当然，这完全由于我国古老的建筑艺术此前就已具有了很高的水平。初期的古塔粗犷、茁壮，微带稚气，从北魏末年开始，渐渐表现出雄浑而带巧丽、刚劲而带柔和的倾向。所有这些，都为以后隋唐时期古塔造型和建筑结构等的成熟打下坚实的基础。

魏晋南北朝时期兴建了大量的古塔，但木塔一座也没有保存下来，砖石塔流传下来的也属凤毛麟角。其中建于北魏时期的嵩岳寺塔可谓独占鳌头，它是我国现存最早的古塔。其他如山西五台的佛光寺祖师塔、广东连县的慧光塔等，虽然形体较小，但也弥足珍贵。

2 木构楼阁式塔

楼阁式塔是中国古塔家族中体型最大、阵容最强、艺术水平最高、流传范围最广的一种塔体类型。它把印度佛塔和中国传统的楼阁建筑有机地结合在一起，不仅使塔的形式更为庄严、美观，而且还具备了可登、可居、可凭而远眺等许多实用价值。

楼阁式塔是在中国出现最早的一种佛塔，而初兴阶段的楼阁式塔都是木结构塔，所以这一节我们先来了解一下木构楼阁式塔的情况。

木构楼阁式塔不同于印度的窣堵坡，后者是一种单层的土石建筑，而前者却是一种多层的木结构建筑。这一崭新的佛塔形式，既融入了印度佛塔的宗教内涵，又没有完全因袭守旧。不论从质地上、造型上，还是从由之诱发的思想感情上来看，这些新佛塔都是中国化的。

为什么会出现这一结果呢？主要有以下几个原因：

一是佛教传入中国的时候，正值国内重楼高阁蓬勃兴起。秦汉时期，中国的木结构建筑技术已经发展到相当高的水平，加之统治者们好大喜功，木楼高阁层出不穷。如秦二世所建的云阁，"其高欲与南山齐"。西汉时期有一种所谓的"井干楼"，系用大木累积而成，据说可以高到"五十丈"，班固的《西都赋》中曾有"攀井干而未半，目眴转而意迷"的描述，由此可见，此楼高度的确不凡。终秦汉之世，争相竞筑重楼巨观的风气一直不减，因而佛塔在这个时候进入中国势必要受到它的熏染。

二是佛教传入中国以后，当时的统治阶级把它同方士祭神求仙的迷信活动和老庄"清静无为"的哲学宗旨混为一谈，这就是"诵黄老之微言，尚浮屠之仁祠"。然而鬼神之说和黄老思想在这之前已有根深蒂固的发展，佛教作为一个"外来户"，要想站稳脚跟，以达到弘扬佛法的目的，就不得不"忍辱负重"，精心耕耘。这就是顺应原有的文化传统，凭借统治阶级的随意理解和政治影响而艰难生存。这样就出现了把佛作为众神列仙之一来对待的局面。秦皇汉武等帝王为求长生不老而喜神弄鬼的恶作剧，导致了"仙人喜楼居"等神话在两汉时期广为流传。在这种背景下，把佛"请"到高高的楼阁上去供奉便是很自然的了。

三是不管当时人们对佛有着怎样的理解，它总还是被看成一尊高贵的神。佛塔既然是用来供奉佛的，就必须用比较高贵显著的气魄来加以体现。楼阁是中国古代建筑中气势最为雄伟高大的一种建筑类型，用它建造佛塔正可使人望而生畏、肃然起敬，并增加许多对佛的神秘感。

正是基于以上种种原因，佛教徒们才把印度窣堵坡的形制加以缩小，高置于中国木楼高阁的顶部，从而形成了中国最初的佛塔形式。这样，既保持了佛塔原有的宗教性，又完全迎合了中国人的固有心理，可谓一举两得、用心良苦。值得肯定的是，初期佛教徒们的这一高明做法，不仅开辟了汉地佛教的出路，同时也催开了古塔这一中国古建筑的新花。

那么，这种全新的汉民族式样的木构楼阁式塔最初是什么样子呢？由于木结构建筑的易毁性，中国早期的木塔已然无存，对这一问题，我们只有借助文献记载和形成于当时的石窟壁画、浮雕及塔心柱等得到回答。

开凿于北魏时期的云冈石窟，即有许许多多石雕木构楼阁式塔的模型。其中最典型、最有实体感的是第二十一窟里的塔心柱。这是一座五层的高塔，每层五间，每间都有一座佛龛、一尊佛像；每根柱子上都顶着一枚大斗，斗上架着一条方木，方木上有斗栱和人字栱，其上承托着塔檐；塔顶之上安置一个被夸张了的山花蕉叶式样的塔刹。它的形象完全证实了古代文献上所记载的关于中国早期楼阁式木塔"上累金盘，下为重楼"的模式。

　　根据现有的资料可以分析出：当时的木塔平面都呈正方形，大多建于相当高大的夯土台基或须弥座上，塔身自下往上，宽度逐层往里收缩，高度一层一层降低，各层间腰檐上未施平座，但塔檐却伸张较远；塔刹的高度一般都很高大，约占塔高的四分之一至三分之一。

　　到南北朝时，这类楼阁式木塔曾风靡一时，成为当时佛门的重点建筑之一。在这些高大的木塔之中，北魏人郭安兴主持修建的洛阳永宁寺塔，便是一个突出的例子。

　　永宁寺始建于北魏孝明帝熙平元年（516年），是北魏都城内规模最大的一所寺院。北魏都于平城时，已建有一个永宁寺，后毁于火。迁都洛阳后，胡灵太后又在洛阳城中重建，规模更大于原寺。原来的永宁寺内有一座七级佛塔，"高三百余尺"，基架宽敞，为天下第一。新建的永宁寺塔则为九层的方形木塔，举高"九十丈"，有刹"复高十丈"，合离地"一千尺"，离都城百里之遥就可望见它的身影。据《洛阳伽蓝记》载，这座塔修筑得极其豪华壮丽：它的四面各宽为九间，辟有三门六窗；门漆成朱红色，门扉上有金环铺首和五行金钉。塔刹上的金相轮有十一重，顶端是一可容二十五石的金宝瓶，并以四条铁链将塔刹固定于塔顶的四个角上。铁链、相轮和各层塔檐角上悬有如容量为一石之甕的金铃铎计100多个。每当清风徐来，铃声响彻十余里外。

令人惋惜的是，这座"殚土木之功，穷造型之巧"而显赫一时，在中国古建筑史上最为高大的木结构佛塔，建成后20年即毁于一场大火之中。据说，木塔失火之时，全城百姓都来围观，无不为之叹息、落泪。人们不甘于木塔的毁灭，于是编造出一个神话故事，说失火的当天，有人在东海上看见木塔正随着一股烟云飞升到天国里去了。这一切无不说明，当时的永宁寺木塔在人们心目中的地位是多么重要。

木构楼阁式塔的建造，一直沿袭到唐代。由于木料耐久性差，加之天灾人祸，唐以前的木塔一座也没有存留下来。隋唐以后，建材转向难燃、耐久的砖石，出现了以砖石仿木结构的楼阁式塔，虽然用砖石材料建筑，但外壳依然屈从于木塔的样子。

从木结构塔到砖石塔的转变，其间经历了一个漫长而曲折的过程。由于中国传统建筑以木结构为主的体系非常稳固，所以在砖石塔已经很发达的时候，仍然常常建筑木塔，不过这时的木塔已较初期有更大的进步，尤其在平面图形上，渐由四边形向六角形、八角形等多角形发展。如现存的辽代应县木塔就是一座八角形塔，也是留存至今的唯一一座楼阁式木塔。

应县木塔位于山西大同以南约70公里的应县城内西北部佛宫寺内，本名佛宫寺释迦塔，因其全部为木构，遂通称为应县木塔。

应县木塔建于辽清宁二年（宋仁宗至和三年，1056年），是一个名叫田和尚的人奉敕募建的。辽王朝为了维护自己的统治，在河北、山西一带掳掠了几万劳动人民大兴土木，建筑寺庙佛塔，应县木塔便是其中一例。当时，塔是寺中的一个主要建筑，位于山门之内、大殿之前的中轴线上，处于寺的前部中心位置。这种布局，保存了早期以塔为主的寺塔布局形式。寺在金、元时代历经扩建，并改称宝宫禅寺，规模很大，曾盛极一时。金代的宝宫禅寺有土地40余顷。元至治三年（1323年）英宗硕德八剌去五台时，途经应州，曾登此塔。明成祖朱棣于永乐四年（1406年）北征时，也临幸此地，并为木塔题写了"峻极神功"的匾额。明武宗朱厚照于正德三年（1508年）登塔宴赏时，又题下了"天下奇观"四个字。此匾至今还悬挂在三四层的塔檐之下。

明、清以后，寺院的规模大为缩小，除了塔和九间大殿外，只剩下山门、钟鼓楼和一些僧房等建筑。同治五年（1866年）以后，九间大殿也毁，只留木塔安然屹立。

木塔平面为八角形，修建在一个四米多高的石砌台基上。塔基分为上、下两层，下层为方形，上层依塔作八角形。上层台基和月台角石上雕有伏狮，风格古朴，是辽代遗物。台基之上是木结构塔身。塔身外观五层，内部一至四层，每层之间又有暗层，因此实为九层。塔身逐层立柱，用梁、枋和斗栱向上垒架，层层升高，联成一个整体。塔底层有三槽柱，各明层外柱均立在下层外柱的梁架上，并向塔心收进半柱径，从而构成塔身极为优美的收分曲线。

塔的底层直径30.27米，为古塔中直径最大者，底层重檐,并有附阶。第一层南面辟门,迎面有一高约十米的释迦像,顶部有精美华丽的藻井。内槽墙壁上画有六幅如来佛像,门洞两壁绘有金刚、天王、弟子等壁画,门额壁板上所绘的三幅女供养人像尤为精美。

在第一层的西南面有木制楼梯。自第二层以上,门户洞开,八面凌空,豁然开朗,塔内塔外,景色相连。每层塔外,均有宽广的平座和栏杆,可供人走出塔身,循栏周绕,环顾四周秀丽风光。

木塔通高 67.13 米,刚好等于中间层外围的周长。这种以周长作为全塔的高度,是当时设计佛塔的一种规格。底层虽然形体庞大,但由于举折平缓的层层挑檐,配以向外挑出的平座与游廊,与 14 米高、制作精致的攒尖塔顶和造型优美的铁刹组合在一起,显得格外古拙、雄浑而又沉稳。层层檐下数十种斗栱如云朵簇拥,使木塔又显得飘逸华美而又生动。

全塔的结构作为一个整体设计,各类部件虽然繁多,但彼此联系密切,有条不紊,从而使塔的高度和造型比例协调。900 多年来,木塔经受了风雨的侵蚀、地震的摇撼和战争的破坏,仍岿然不动,成为中国古建筑中的珍宝。中华人民共和国成立以后,应县木塔被列为首批全国重点文物保护单位。

3 亭阁式塔

印度窣堵坡传入中国以后,与传统的高台楼阁相结合产生了楼阁式塔；同时又与中国古建筑中另一种很普遍的形式——亭阁相结合，产生了较为矮小的亭阁式塔。亭阁式塔的特点是塔体简单，呈单层亭子状，有的在顶部加建一小阁。塔身内设龛，安置佛像等塑像。塔体高度都不算大，最大的也不过十多米高。塔的平面多为方形，也有六角、八角或圆形的。

亭阁式塔的出现时间也比较早。《洛阳伽蓝记》中说，东汉明帝死（公元75年）后，"起祇洹于陵上，自此以后，百姓冢上或作浮图焉"。百姓冢上的浮图，大概就是指亭阁式塔一类的小型建筑物，或者是直接在坟头上立一根刹杆，作为死者信奉佛教、皈依佛门的标志。不管如何，我们可以大致从中推断：窣堵坡传入中国之初，人们不仅接受了它的圆坟状形式，同时也以汉文化传统，将它看作就是一种坟墓。当时的人们并没有把它看得过分神圣，即只能用来瘗（音yì）藏佛舍利，而是朴素地认为只要信佛，就可以建塔成坟。这大概也是后来僧尼墓塔的先声。

魏晋南北朝是佛教在中国广泛普及的时期。当时佛寺遍布各地，寺内所建高层大塔当不在少数；但更易普及的小型亭阁式塔，数量应会更多。这是因为，楼阁式高塔固然雄伟壮观，但其工程浩大，只有帝王和高官富室才有能力兴建，平民百姓只能望洋兴叹。但信佛就不能不修塔，于是，当佛教由皇室王侯那里传进普通百姓家中时，这种结构简单、易于建造、费用不大的亭阁式塔就在百姓中广泛流传开来。

早期的亭阁式塔也以木结构为主，但历经千余年风雨沧桑，今已无存。现存最早的亭阁式塔的形象资料，是大同云冈石窟第六窟和第十四窟中的北魏浮雕塔。塔为方形，纯系中国式亭子加上塔刹。敦煌壁画中也有不少北朝和隋唐时期亭式塔的样子，它们的下部完全是一木结构的圆形或六角形、方形亭子，在亭子顶部加上有相轮的刹，就成为塔了。

亭阁式塔在魏晋南北朝时大为流行。以后，随着佛教的衰落而消减，但许多高僧、和尚们却纷纷用来作为墓塔。宋、辽以后，由于花塔以及覆钵式喇嘛塔的兴起，亭阁式塔逐渐销声匿迹，这时的和尚坟，大多采用了喇嘛塔的形式。

我国现存的亭阁式塔，几乎都是砖石结构，这种塔在隋唐时期建造最多，不过一般都是僧尼墓塔。著名的如山东历城四门塔，长清灵岩寺慧崇塔、三藏塔，河南安阳修定寺塔，登封会善寺净藏禅师塔，山西五台佛光寺祖师塔，安邑泛舟禅师塔、明惠大师塔，等等。

①四门塔。位于山东省历城县柳埠村青龙山麓神通寺遗址东侧的山坡上。因其四面辟门，故称四门塔。塔为石砌，既是我国现存最早的石塔，也是现存较早的亭阁式塔。

四门塔建于隋炀帝大业七年（611年），石料全部采用产自附近的大青石，坚硬耐久，历千余年尚无风化侵蚀情况。塔身结构简洁，平面呈四方形，边宽7.4米，通高15.04米。塔身四面正中辟半圆形拱顶门。塔身上部用石块叠涩出五层挑檐，每层略有增大，使塔檐呈现内颇的弧线。塔顶是用石板23层向内收叠，成四角攒尖的锥状屋顶。上置石刻塔刹，塔刹下面是一个须弥座，座上置蕉叶形插角，正中安设五重相轮的塔刹。

塔内正中砌硕大的四方形塔心柱，四周有回廊环绕。塔室顶部以三角形石梁搭接于中心柱与外墙上，支托上层屋顶。在塔心柱的四面有石佛像四躯，皆螺发高髻，结跏趺坐，面容生动，衣纹流畅。

四门塔作为我国现存较早的亭阁式塔，为我们留下了一些早期该类塔的形象例证。表现在其塔刹上，更接近印度古代阿育王塔的形式，说明亭阁式单层塔是直接从印度窣堵坡仿造过来的。这种塔刹形式为后来的砖石亭阁式塔所常用。

②修定寺塔。位于河南省安阳县北35公里的清凉山南麓。这里原有一座大型寺院，相传创建于北魏太和十八年（494年），初名天城寺、合水寺，从隋代开始改为修定寺。隋朝末年寺院荒废，到唐太宗时才下令予以全面修复，现在寺院建筑已荡然无存，仅留修定寺塔屹立山麓。

塔为唐太宗贞观年间（627～649年）所建，四方形单层单檐，原高近20米。基座平面呈八方形，下为束腰须弥座，内为夯土，外以砖砌。座上为四方形塔身，高9.5米，每面宽8.3米，塔身南面辟门。门呈圆拱形。

整个塔体上下满刻各种雕饰，如基座外壁的飞天、力士、伎乐、飞雁以及花卉、帷幔等。塔身外壁系全用雕模制作的矩形、菱形、五边形、三角形和一些由直线、曲线组成的雕砖拼砌而成，计有3442块，整个画面组成帐幔形式。塔身四隅雕制断面为马蹄形的角柱各一根，说明它仍然是追求了早期的木结构建筑。柱身上布满雕刻精致的团花图案。从整个塔身的雕刻形象来看，既有佛教内容，也有道教内容，如童子、真人等，还有我国传统的青龙、白虎等图案。这样的大融合，是早期佛教雕饰中的罕见之作。

塔身结构，内壁用绳纹小砖垒砌，并用澄浆泥黏结，壁体厚2米，外表浮雕砖用三种方式贴砌：一是在砖背面制作背榫（音 sǔn），楔入墙内，或用素面砖压在背榫上；二是利用大铁钉和铁片予以拉联支托；三是利用砖的不同厚度，与内层素面砖相互嵌砌。在塔身内部距地面5.16米的地方，还装有木顶棚两层，自上层顶棚起，塔顶向内挑出叠涩砖62层，收为四角攒尖的小平顶。

塔顶原有琉璃瓦塔刹。大型莲座上承托巨大宝珠，系明代所加，现已毁坏无存。

③净藏禅师塔。位于河南登封县城西北20里的会善寺山门西侧。净藏禅师是唐代高僧，唐玄宗天宝五年（746年）于此寺圆寂，徒众因建塔埋葬。

塔为砖制八角形单层重檐式，高约9米。塔下原有一座高大的基座，但外形轮廓已模糊不清，推想起来可能也为八角形。台基作壶腰状，上砌一层低矮须弥座，座上建八角形塔身。塔身南面辟门，塔室也为八角形。塔身外壁为仿木结构形式，角上有露出五面的八角形倚柱，柱上用砖砌出额枋、斗栱等仿木结构部件，每面还分别砌出门、窗等模样。塔上所模仿的这些木结构形式系唐代手法，尤其是塔上的斗栱，属罕见的实物形象，由此使该塔显得弥足珍贵。

塔顶、塔刹部分的外形虽已残毁，但仍隐约可辨其是八角攒尖顶和覆钵式的刹基，刹身有相轮约五重，上冠宝珠。

净藏禅师塔是唐代少数的八角佛塔建筑之一，1988年被国务院列为全国重点文物保护单位。

④佛光寺祖师塔。位于山西省五台县佛光寺东大殿南侧，建于北齐时期，是一座罕见的早期亭阁式塔。

塔的平面呈六角形，全部用砖砌筑。塔身分作两层，第一层建有塔室，也为六角形，正面辟门，形式为略带扁平的拱券门，顶上用莲瓣形的火焰作为券面装饰。其余五面均为素平面，无任何装饰，但从下至上有明显的收分。塔檐挑出甚远，先是在塔身上出叠涩一层，砌出每面九枚的单斗一层，其上出一层叠涩和三层密排莲瓣及六层叠涩。檐顶用反叠涩向里逐层收进，整个塔檐显得非常厚重而又深远。第二层没有塔室，仅作装饰性质。是一个六角形小阁形式。下边是坐落在第一层塔檐上的简洁须弥座，上面为每面九瓣之覆莲，束腰仿胡床形式，每面作壸门四间，转角置宝瓶角柱。束腰上又出莲瓣三重，以承托第二层塔身。第二层塔身有许多地方保存有印度风格，如角柱的上、中、下都以捆束莲花装饰等。另外，该层塔身的表面用土朱画出一些木结构的装饰，券门内还绘有内门额的痕迹；在西北面直棂小窗上画额枋两层，两层之间有短柱五个,额枋上绘人字形补间铺作。所有这些,都充分说明早期的亭阁式塔纯系木结构,即使后来转化为砖石质,也力求仿制出木塔特色。

塔刹也为砖制,下部是仰莲形的刹座,其上以仰莲一层承托六瓣形宝瓶。宝瓶之上再覆莲瓣两层,顶上冠以宝珠。形式比较特殊。

整座塔的选型与艺术风格独特,是我国唐代以前存世古塔的珍贵实例,在我国古塔史上地位重要,意义重大。

⑤泛舟禅师塔。位于山西省运城市西北五公里北曲村的报国寺遗址上,建于唐长庆二年(822年),是报国寺泛舟禅师的墓塔。塔为圆形,高十余米。下部为一圆筒形基座,微有收分,上置须弥座,座上有砖雕壸门并隔以间柱。须弥座上置砖砌塔身。塔身中空,南向正面辟门,门槛、门额及门颊等均为石制。塔身内为六角形塔室,上有藻井。门侧按木构形制刻出格子棂窗。塔顶为一伞盖形圆顶。塔檐用砖叠涩而成,顶置塔刹。刹的下部是两层巨大的山花蕉叶,其上承托半圆形覆钵,最上边冠以宝珠。

这座圆形亭阁式塔,造型质朴优美,雕刻简洁有力,是唐代同类型塔中的罕见之物。

四 隋唐五代

——古塔的成熟

1 概述

从581年到960年的隋唐五代时期,是佛教在中国的鼎盛时期,而古塔的发展也在经历了前期的大量兴建后进入了成熟期。尤其是唐代数百年,古塔不仅发展定型,并成为后代的模式,而且留下了许多典型的塔例。实际上,古塔的发展是一个渐变过程,我们按历史断代划为四期,也是为了叙述的方便,如这一时期古塔以唐朝为明显转折期,前后的隋和五代则都表现出过渡性质。

佛教发展至隋唐达到了顶峰,并逐渐在我国形成一种自成一体的文化传统和格局。佛教建筑作为隋、唐、五代建筑活动中的一个重要方面,得到了国家和民间所投入的大量人力、物力和财力的支持。在这种背景下,佛塔的建筑不仅很多,而且渐趋成熟,这可以从以下几个方面来看。

在建筑材料上,木结构塔不再风行,代之而起的是大量砖石塔的建造。砖石的坚固性和耐久性，使佛塔可以长时间地存在，从而解决了木塔不易保存而劳民伤财的难题。除了砖石塔以外，用金属铸造的整座塔也开始出现，只是由于种种原因而没有保存下塔体实例。隋唐五代时期，琉璃瓦产量有所增加，在一些较重要的佛塔上开始使用。可以说，中国历史上用于建塔的主要材料，在这一时期都开始登上了舞台。

在建筑风格上，砖石质亭阁式塔达到了发展的顶峰，高层砖石塔如楼阁式塔和密檐式塔等的建造都已摸索出一整套的经验，并达到了设计的程式化。楼阁式塔模仿前期盛兴的木塔形式，虽然略显古拙和幼稚，但模仿比较成功；密檐式塔作为砖石建筑的一种新类型，已经开始广为兴建，它的影响面除了中原以外，还波及边远的少数民族地区，如云南的大理等。

在建筑形制上，亭阁式塔和密檐式塔虽然绝大多数还具有魏晋南北朝时期的正方形特点，但楼阁式塔中六角形和八角形塔已大量增加。这个时期也留下了个别圆形塔的实例。分析其中的原因，亭阁式塔因体型小，又是一种简单易造的普及性墓塔，因而取其四面体形式的简洁和庄重；密檐式塔毕竟是一种新兴的塔型，所以还处在积累经验阶段；楼阁式塔因有了以前的木塔做基础，故造型上更趋创新化和美观化。当然，多角形塔体在稳固性上较四边形塔更具优越性，可能也是重要原因之一。

在建筑技艺上，唐代砖砌技术已达到了很高的水平，高塔、名塔层出不穷。从留存至今的塔体实例来看，唐代古塔不仅形体高大，造型美观，而且坚实牢固，气势恢宏，这无异是对当时建塔技术的最好说明。该时期所保留下来的一大批单层亭阁式墓塔，无论形态的多样，还是雕刻的精致，都可以说是空前绝后的，这在中国古塔发展史上意义重大。在纹样修饰上，除莲瓣外，窄长花边上常用卷草构成带状纹饰，其他如连珠、流苏、火焰及飞仙等纹饰也都构图饱满、线条流畅、富丽而又挺秀。

总之，隋唐五代的古塔建筑是古塔发展史上的第一个高峰，它在总结前期古塔建筑的经验基础上，有了突破性发展，使建筑艺术和雕刻装饰艺术进一步融合和提高，从而取得辉煌的成就，并为后代同类塔的建造奠定了基础。

隋唐五代的古塔分布，以长期作为国都的长安等地为中心，现在所保存的唐塔典型实例，如大、小雁塔及玄奘墓塔等都位于古都西安。五代时期，今杭州等地所在的吴越国兴起建塔的高潮，影响着此后的宋明各代，为今天留下了大量的古塔实物。

② 仿木构楼阁式塔

中国早期的佛塔以木结构为主，木结构塔有许多优点，但也存在着某些不足，如抵御火灾能力差，易遭虫蛀腐烂等。历史上许多壮丽豪华的木塔，都在岁月中销声匿迹。尤其是古塔初兴时所建造的大量木塔，后来几乎荡然无存。数年乃至数十年的心血，很快就烟消云散，这委实让人痛惜。

针对这一情况，造塔工匠们千思百虑，首先在建筑材料上进行了重大改革，即以坚固耐久，且具有良好防火性能的砖石来代替木料建塔。这一革新果然成效显著，历尽千百年岁月，中国的许多砖石古塔仍巍然屹立在神州大地上。可以说，正是赖于建塔材料的及时更新，才使人们今天有幸看到那多姿多彩的古塔身影。

用砖、石建塔始于何时，一时尚难以弄清。现在所知最早的砖石塔，是在《洛阳伽蓝记》中所记载的杜子休舍宅为寺的故事中所说的太康寺三层浮屠。该塔建于晋太康六年（285年），为襄阳侯王浚所造，是一座砖塔。不过由于塔的层数较少，所以体量也不会太大。现存最早的砖塔实例，是北魏正光六年（520年）所建的嵩岳寺塔，它上距太康寺塔已200多年，从现存塔体来看，其在砖石结构技术上显然已有了很大的进步。从北魏到隋代这段时间，砖石塔一直处在尝试的阶段，塔的数量甚少，留存至今的实物也不多。之所以这么说，是因为这一时期正是建塔之风盛行的时候，根据历史记载，各地曾经建造了大量的佛塔。如隋文帝仁寿年间（601～604年），皇帝曾下诏令各州郡建塔，并且附发了塔的样式，以便统一规制。这么一大批塔，一个都没有保留下来，显然是因为当时所建的塔仍然是以木塔为主的缘故。

隋代以后，建塔的材料主要转向了砖、石，尤其是唐代，砖塔的建造技术已经发展到很高的水平，且这一时期的亭阁式砖石塔，可算达到了高峰。唐代的砖石塔，除了亭阁式塔外，还成功地创造了高层仿木结构式塔，其中主要是密檐式塔和楼阁式塔两种类型。高层砖石塔的结构，虽然到了宋、辽、金时才算达到了顶峰，但它们的基本形式却在唐代就奠定了。

仿木构楼阁式塔，顾名思义，就是照着木塔的样子所建造的砖石等塔。由于是临摹了木构楼阁式塔，因而两者之间在外形上极为相似。仿木构楼阁式塔的特征表现在以下几个方面：

第一，层与层之间的距离较大，明显地表现出塔的一层相当于楼阁一层的高度。一眼看去，塔身就是一座高层的楼阁。

第二，塔身的每一层均用砖石制作出与木构楼阁相同的门、窗、柱子、额枋、斗栱等部分。其形制与木结构相仿佛。

第三，塔檐大都仿照木结构塔檐，有挑檐檩枋、椽子、飞头和瓦垄等部分。当然，受砖、石材料的影响，纯砖石仿木楼阁式塔的塔檐不能尽情伸展；但砖木混合建筑的楼阁式塔，恰好弥补了这一弱点，它不仅使出檐更为深远，平座、栏杆等也都与木构一样，只不过它们是从砖体塔身内挑出，而不是从木梁柱上挑出而已。

第四，塔身内部均设有楼层，可供登临伫立或向外眺望。塔内有砖石或木制楼梯供人上下。一般说来，仿木构楼阁式塔的内部楼层与外部檐层相一致，但也有一些带暗层的塔，其内部楼层较塔身外观层数还要多。这是与密檐式塔相区别的特征。

第五，初期的仿木楼阁式塔，平面多为正方形，明显地表现出继承早期方木塔的特点。这种塔线条直中有折，方正而有变化；各层外壁逐层收进，塔檐的四角也方中见圆，刚中带柔，层次明朗，显得简洁、古朴、端庄、厚重。

当然，砖石材料终归不如木料那样灵活多变，因而仿木构，尤其是"全砖造"的楼阁式塔，由于砖石结构的固有特征，任凭古代匠师们怎样照着木塔模样去装点打扮，总不免使人有"东施效颦"的感觉，缺少楼阁式木塔那种开朗、轻盈的神韵。不过，随着造塔艺术的发展，尤其是将砖、石、木等材料有机地结合而产生出砖木混合塔的时候，仿木构楼阁塔便达到了仿造技术上炉火纯青的境界，出现了古塔史上的一些杰出之作。

仿木构楼阁式塔是中国古塔家族中势力最为强大的一支，它的数量之大、类型之多，为其他任何类型的塔都不能比拟。据有人统计，在现存古塔中，差不多每十座塔中就有六座是仿木构楼阁式塔。当然，其中除了大型塔外，还有许多小型的石刻和铜、铁等金属所铸的仿楼阁式塔。它们虽然体积小，内部也无法登临，但是外观上都忠实地按照木结构楼阁的形式，刻制或铸造出楼层、门窗、柱枋、斗栱和塔檐等部分。以下我们重点介绍几座隋唐五代时的仿木楼阁式塔。

①大雁塔。位于西安市和平门外四公里的慈恩寺内。慈恩寺建成后，唐太宗令高僧玄奘从弘福寺迁往

该寺主持寺务，并特意为他修造译经院，聘请国内博学高僧和学者协助玄奘翻译从印度带回的佛教经典。为贮藏这些佛经，玄奘拟仿照印度的建筑形式，修建一个高大的石塔，但由于石料难寻，费用过大，没有建成，于是改变了计划，修了一个五层的实心砖塔。塔于唐高宗永徽三年（652年）建成，经过半个多世纪的风雨剥蚀而倾圮（音pǐ），武则天长安年间（701~704年）予以重建，增为七层，并改建成楼阁式塔。

慈恩寺是唐代著名的寺院，它的名字是太子李治为报答其母文德皇后的养育之恩而来的。关于大雁塔的命名由来，说法不一。一说西域建塔，或下层作雁形，故称雁塔。一说在造塔时有大雁过此，坠而葬于塔中，因以为名。还有一说则谓玄奘在印度学经时住在大乘寺，大乘佛教僧人不能吃肉，一天，附近可以吃肉的小乘寺内做饭僧没有找到肉而仰天长叹，菩萨便"显圣"化雁而落地，舍身布施，全寺僧众见状大惊，遂改信大乘，并在雁落的地方葬雁起塔，名为雁塔，后来玄奘回国造塔便援用此名。这些说法有无实证当然很难说，但大雁塔却成为西安的象征而蜚声中外。

塔的平面呈正方形，高59.9米。塔身下边是一高约4米、边长为45米的方形台基，塔身自第一层以上每层显著向内收分，形如方锥体。底层塔身边长25米，全用青砖砌成，磨砖对缝，结构严谨。各层壁面均用砖砌成扁柱及栏额，下面层为九间，中间层为七间,上部三层为五间。每层四壁之中,均辟券门。底层券门的门楣和门框上,都有精美的唐代线刻画,十分吸引人。西门楣上的《阿弥陀佛说法图》,传为唐代大画家阎立本的手笔。南门两侧的砖龛内,嵌有初唐著名书法家褚遂良的《大唐三藏圣教序》和《述三藏圣教序记》二碑,皆为有名的书法碑刻。塔内设木梯楼板,可以逐层上登,凭高远览。

大雁塔造型简洁,比例适度,整个塔体庄严古朴。1000多年来,吸引了无数文人雅士为之吟咏赞叹。唐朝诗人岑参曾与杜甫及高适等人共游此塔,为其风采所倾倒,作诗叹道:"塔势如涌出,孤高耸天宫。登临出世界,磴道盘虚空。突兀压神州,峥嵘如鬼工。四角碍白日,七层摩苍穹。下窥指高鸟,俯听闻惊风。……"唐代著名的"雁塔题名",也是在这里举行:考生录取为进士后,皇帝要在曲江池赐宴,然后让新进士们登大雁塔,并在塔内题名留念。诗人白居易29岁中进士,在录取的17名进士中是最年轻的,因此他曾有"慈恩塔下题名时,十七八中最少年"的诗句。

"慈恩塔"就是大雁塔,塔以寺名,这本是正名,但由于寺庙建筑已经修改,原来建筑早已不存,唯留高塔巍然屹立,因而大雁塔之名也就代替了原来寺院的名称。不过,现在我们所见的大雁塔,其外壁是明代重新包砌的一层很厚的砖皮,这多少影响了它的神韵。

②兴教寺玄奘塔。兴教寺位于西安市东南的少陵原畔,是一座闻名中外的古寺。埋葬玄奘高僧尸骨的

高塔，就坐落在寺内的西院里。

玄奘圆寂后，葬于白鹿原，后又改葬于樊川凤栖原。樊川是凤栖原与终南山之间的一条川道，襟山带水，风景异常优美。在唐代佛教全盛时期，这一带贵族别墅群集，寺院密布。兴教寺与兴国、华严、牛头、观音、云栖、禅定和法幢七寺并称"樊川八大寺院"。兴教寺地势高，规模大，为樊川八寺之首。

塔初建于唐总章二年（669年），到大和二年（828年）又彻底重修，成为现在的形状。塔全部用砖砌筑，平面呈四方形，高五层。底层边长5.2米，以上各层逐层内收，收分较大，因此十分稳固。塔的总高为21米，是墓塔中较大的。

塔身下是一极为低矮的台基。第一层塔身南面辟砖砌拱门，内有方室供玄奘像。因为是墓塔，以上各层虽系楼阁式，但为实体，不能登上。塔的外部每层隐砌出砖制八角形倚柱，每面四柱三间，塔檐采用叠涩砖挑出和收进的做法。第一、三层砖用菱角牙子挑出，以上到第十一层砖均逐层挑出，然后又逐层收进。挑出的檐砖逐层加大，使叠涩呈现出向内的弧形曲线，标志着唐代叠涩塔檐的艺术特点。檐下用砖隐砌出最简洁的斗栱，但塔檐叠涩挑出的砖层较多，出檐也较大，使之更富有楼阁式塔的意味，这在其他唐塔中是不多见的。

玄奘塔不仅因为埋葬高僧玄奘而驰名，也是我国现存楼阁式砖塔中年代最早、形制简练的代表作品。它和兴教寺一起，成为全国重点文物保护单位。

③虎丘塔。又名云岩寺塔，它屹立于苏州的虎丘山巅，被人们称作古城苏州的标志。虎丘山一名始自春秋时期。相传吴王夫差葬其父阖闾于此，次日见一只白虎蹲踞其上，故取名为虎丘。这里素有"吴中第一名胜"之称，而虎丘的精华则在虎丘塔。宋代著名诗人苏东坡就曾说过："到了苏州，而不游虎丘，乃是憾事。"

虎丘塔始建于五代末后周显德六年（959年），到建成时却已经是北宋初年了（961年）。这座塔是由隋唐五代向宋代过渡的古塔实物，在研究古塔发展史上有着特殊的意义。

塔为八角七层仿木结构楼阁式砖塔。原为砖身木檐，但据史料记载，从南宋建炎年间（1127～1130年）到清代咸丰十年（1860年）曾遭七次火烧，因而顶部和各层木檐均被毁坏，只存砖砌塔身，高47.5米。

塔的内部为套筒式回廊结构，楼梯仍然采用了木制浮搁活动梯，每层只以楼层和外壁联系，较以后把楼梯砌于塔体内的结构方法更为古老，还保存了唐代以前空筒式结构的一些特点，许多局部手法也表现了唐、宋建筑的过渡风格。

在外部形态上，各层高度并不是有规则地递减，第六层比第五层反要高出20公分，但整个砖砌建筑结构却比例适中。塔身的平座、勾栏等均用砖造，唯外檐斗栱为砖木混合建筑。塔身外部在各层转角处砌有"圆倚柱"，每面又以塔柱划分为三间，当中一间为塔门，左右两间是砖砌直棂窗。从塔门至回廊有一走道，廊内是塔心。塔身由底向上逐层缩小，轮廓有微微鼓出的曲线，使塔的造型更加美观。

虎丘塔的内外雕塑装饰也有许多值得注意之处。例如塔身内壁外圈角柱中段饰以束花，保存外来装饰的成分较显著，为其他塔柱所少见，具有很高的历史和艺术价值。

虎丘塔在明崇祯十一年（1638年）改建第七层时已明显倾斜，当时曾作过纠正，但没有根本解决问题。新中国成立后曾两次在塔的周围进行钻探，发现塔下的基岩有斜坡，受压后产生不均匀沉降。另外，地下水和雨雪渗透等自然现象，也是造成塔斜的因素。经过现在一系列的保护措施，塔的倾斜程度没有加大。据初步测量，该塔自重6000吨左右，塔顶部中心点距塔中心垂直线2.3米。这一中国目前倾斜度最大的古塔，已成为一处奇迹，而它比世界著名的比萨斜塔还早了100多年。

虎丘塔已有1000多年的历史，在我国古塔建筑史上有重大的价值。它与杭州西湖的雷峰塔属于同一建筑类型。雷峰塔倒塌以后，虎丘塔更为珍贵。1961年，该塔和云岩寺的其他建筑物一起，被列为国家重点文物保护单位。

3 密檐式塔

密檐式塔是从楼阁式塔发展而来的。密檐式塔以其独特的造型和数量众多的实物遗存,在我国古塔发展史上占据重要地位。它和楼阁式塔同属高大型佛塔,无论在高度上还是体量上,都与楼阁式塔差不多;但二者之间的形制特征却完全不同。从外观看上去,密檐式塔很像一座放大了的塔刹样子。它是在夸大窣堵坡刹杆形象的基础上发展起来的一种塔体类型。

同楼阁式塔相比较,密檐式塔有以下几个显著特点:

第一,底层塔身的高度占全塔的比例特别大,一般在四分之一到三分之一之间,是全部塔身的重点,大多饰以佛龛、佛像以及门窗、柱子和斗栱等雕塑装饰,把佛教内容和建筑艺术手法全部集中在这层塔身上。

第二,底层塔身以上,是密集的塔檐。塔檐通常为十一层或十三层,也有多到十五层,或少到九层以下的;但不管多少,都是塔檐紧密相连,重重叠叠,各层之间的距离特别短,几乎看不出楼层来。各层檐子之间的塔身,没有门窗和柱子等楼阁结构。早期的密檐式塔还设有小窗,以后逐渐减少,甚至消失。有些密檐式塔出于采光通气的需要,在檐层之间开设小的孔洞,但这些孔洞与内部楼层之间不相契合。

第三,密檐式塔的造型比较单纯划一,大部分为外观型塔,不具备登临眺览等功能;有的纵然设有楼梯,能够登上,也不是为登塔眺览用的。发展到后来,甚至成为一种实心建筑,连上下也不可能了。

密檐式塔在中国出现的时间比较早,现存的河南登封嵩岳寺塔即建于北魏正光四年（523年）。也有人将东晋十六国时北凉的高善穆造塔与嵩岳寺塔进行比较，找到了密檐塔产生的线索。两者之间存在着许多极其一致或相似的地方，如塔身均分作两层，下层素净无饰，上层有八个佛龛；塔的外观轮廓都像一枚子弹头；稍有相异的是高善穆造塔平面呈圆形，嵩岳寺塔的平面是近似圆形的十二边形；高善穆造塔没有脱离印度犍陀罗艺术的影响，而嵩岳寺塔上也保留着大量印度佛教建筑艺术的细部和特征。这些造型上的一致性，说明二者之间极可能存在着继承关系。

唐代的砖塔建造技术已达到很高的水平。这时密檐式塔建造已经流行，并且开始形成一种固定的塔体类型。尤其是四角形密檐式塔，基本上进入了定型阶段。如西安的小雁塔、大理千寻塔等，都是著名的唐代密檐式塔。唐代以后，虽然不同时代、不同地区，密檐式塔有不同的发展，但其形式却基本未改，一脉相传下来。

从辽代开始，密檐式塔又有了较大的发展，尤其在华北、东北等地区，形成了一种特殊的艺术风格。如果说隋唐时期密檐式塔的盛行为此后的发展奠定了基础，那么到辽代时，这种塔型则已经步入成熟期了。

综观密檐式塔的发展历程可以发现，早期的密檐式塔比较简单，塔身装饰较为简洁，塔檐用叠涩结构挑出，但受砖石材料的影响，不能过远，所以密檐式塔均属短檐；早期的密檐式塔还没有在檐下仿制木结构建筑的斗栱、檩椽或瓦垄等构件；在内部结构上，一般采用中空到顶的筒式建筑，有的用木板隔成楼层。发展到后期，这一系列的特征都发生了改变：一是把空心塔身全部填成了实体，成为实心高塔，完全不能上下；二是增加了富丽的雕饰，如佛像、菩萨、伎乐、飞天、佛龛以及狮、象等动植物图案和隐作的门窗、柱子等；三是各层重檐之下，增加了斗栱、椽子、飞头和瓦垅等仿木构件，又大量吸取了楼阁式塔的木结构成分。整个塔的外形达到一个更为繁富华丽的高峰。

总之，密檐式塔开始于魏晋南北朝，盛行于隋唐五代，到宋辽金时达到成熟。在千百年的历程中，密檐式塔形成了自己独特的风格：它的平面结构有四角形的和八角形的，个别的有六角形和十二角形的。其中，十二角形的嵩岳寺塔是仅存的孤例。一般说来，隋、唐时期的密檐式塔多为四角形，塔身简朴，没有多余的装饰；宋代以后，尤其是辽、金时期，密檐式塔除平面形式由四角形改为八角形为主外，还一反唐塔洗练、质朴的艺术风格，在造型上更趋于细腻、繁缛。关于宋、辽、金古塔的繁丽情况，我们将在后文中介绍。

密檐式塔是中国古塔家族中的一个庞大的群体，历代名塔层出不穷。

①嵩岳寺塔。位于河南省登封县中岳嵩山南麓的嵩岳寺内。它不仅是中国早期密檐式塔的典型，也是中国现存年代最早的砖塔。

嵩岳寺是一所历史悠久的古刹。它原是北魏皇家的离宫，后来由魏宣武帝舍建为寺。到北魏孝明帝正光年间（520～524年），将寺题名为"闲居寺"，并殚尽国财，大事增修，殿宇广达千余间。现存的嵩岳寺塔就是在这次扩建中修成的。后来到隋文帝仁寿元年（601年），正式改名为"嵩岳寺"，隋唐两代，盛极一时，此后便逐渐衰落。现在的嵩岳寺较过去规模大为缩小，所剩的少量建筑也多为清代遗物，只有寺塔，虽历经修缮，仍然基本维持了北魏时的原貌。

塔为十二角形，总高40米，底层直径10.6米，中央塔室平面为正八边形，宽7.6米，底层壁厚2.5米。塔身建在一个简朴的台基上，全塔以灰黄色的砖砌筑而成。原来的塔通体用石灰粉妆，某些部位还涂有土红色，现已大部剥落。塔的底层高度占全塔高度的三分之一。塔身中部四正面各开一拱券形门，其余八面皆砌有突出壁面的单檐方塔式壁龛，被称为"塔中塔"。底层塔身中部砌有一道腰檐，连通各个壁龛的底沿。腰檐以下的壁面素朴无华，以上的壁龛则饰有精美的浮雕。在十二个转角处还砌有角柱。底层以上是十五层密集的塔檐，各层设有装饰性的门窗，有少量门窗可通光通气。檐层的高度和平面尺寸逐层递减，形成既刚劲有力又轻快秀丽的流线型轮廓。塔顶上是巨大的石质仰莲须弥座，座上承托七层棱形相轮和圆形的宝珠，以此组成高近三米的塔刹。这种形式的刹，与密檐的抛物线轮廓配合得妥帖流畅，使整座塔更显得柔美，故一直为后来的诸多密檐式塔所沿用。

嵩岳寺塔采用砖壁空心筒体结构。这种结构的建筑是现代最流行的钢筋混凝土高层筒体结构的雏形。塔历1400多年风雨考验乃至地震的侵袭而挺立如故，充分说明它不仅具有很高的历史、艺术价值，而且在建筑技术上也是第一流的。

②西安小雁塔。位于西安市明代旧城南门的荐福寺内，与大雁塔东西相对，是唐代古都长安保留至今的两处重要标志。小雁塔之名来自大雁塔，因其体量较大雁塔小，修筑时间较大雁塔晚，故有其名。

荐福寺创建于唐睿宗文明元年（684年），是皇室于唐高宗死后百日为他荐福而修建的，初名"献福寺"，武则天天授元年（690年）改为荐福寺。这座寺院规模宏大，营建时间亦较长，塔成之日，已是唐中宗景龙元年（707年）了。

小雁塔原是平面呈方形的十五层密檐式砖塔，高约46米。由于塔顶已损，现只存十三层，高43.3米。塔下是方形基座，座上置第一层塔身，每面边长11.38米。第一层塔身特别高大，南北两面辟门，门框均以青石垒成。门楣上用线刻方法，雕出供养天人和蔓草的图案，刻工精细，线条流畅，反映了初唐时期的艺术风格。第一层塔身之上是层叠的十五层密檐，每层檐子之间仅南北两面辟有小窗以供采光通气。密檐均以叠涩方法挑出，下面出菱角牙子，其上叠出层层略为加大的挑砖，使塔檐呈现向内的弧线，显示出唐代密檐式塔的特点。塔的外形逐层收小，五层以下收分不大，自六层以上急剧收杀，使塔身上部呈现出圆润柔和的抛物线轮廓。塔身内部为空筒结构，设有木构楼层和木梯。但塔内空间甚小,不便向外瞭望,可见这些设施原本不是供人登临眺览用的。

小雁塔是早期密檐式塔的代表性作品,它外表装饰较为简洁,塔身曲线流畅秀美,以后历代的密檐式塔都不同程度地受到它的影响。

小雁塔以其悠扬的钟声而驰名,"雁塔晨钟"曾经是著名的"长安八景"之一。据说寺内原存一口重两万余斤的大铁钟,每日清晨,寺僧按时撞钟礼佛,钟声远播,催人梦醒。这口大钟铸于金代明昌三年(宋光宗绍熙三年,1192年),但在此以前,早在盛唐时期,雁塔钟声即已闻名,当时的大诗人韩翃曾作诗咏叹道:"疏帘看雪卷,深户映花关。晚送门人出,钟声杳霭间。"

历史上小雁塔曾多次遭到残损,历代也多次进行修葺,但它的檐角自宋代塌坏后,一直未能真正修复。其中一次大的损坏发生在明代,这也使它拥有了一段传奇的经历。据记载,明成化二十三年(1487年),长安地震,塔体从上到下裂开一条尺把宽的口子,奇怪的是塔并未因此而坍塌。更为神奇的是,又过了34年,到明正德十六年(1521年),长安再次地震,这条裂缝竟然又复合如初。时人被这一奇特现象所迷惑,编造出种种美妙的故事。

其实,小雁塔之所以会震裂成两半,主要是由于上下所开的门窗南北相对,连为一串,从而削弱了塔整体结构的牢固性。塔体虽经震裂,但尚未出重心,加之砖砌技术和砖的质量都很好,因而没有松散崩塌。

在另一次地震时，一些原来虚撑在裂缝中未能掉下的砖体被震落，于是两半塔体借向内的力量而合起来了。中华人民共和国成立以后，小雁塔又得到了加固维修，1961年被定为首批全国重点文物保护单位。

③大理崇圣寺千寻塔。位于云南大理点苍山麓、洱海之滨的崇圣寺内，寺院建筑现已不存，唯留三塔屹立，被称为大理三塔，其中最为高大的一座叫"千寻塔"。

千寻塔平面呈四方形，在第一层高大的塔身之上，施密檐16层，内部为空筒16层，总高69.13米，属典型的唐代密檐式塔。塔下台基分为两层。台上塔身每面宽9.85米。塔檐的做法也是先从壁面叠涩一层，上施菱角牙子一层，再叠涩出12～15层，檐上叠砌出低矮平座。叠出的塔檐呈凹曲线，圆和流畅。原来塔顶有以刹座、相轮、宝盖和宝珠等组成的标准塔刹，但1925年地震时塌毁。即使如此，整个塔的外形仍然轮廓优美，塔顶卷杀圆致，为唐代密檐式塔中的精品。

关于千寻塔的建造时间，文献上记载不一，一般认为它是南诏盛时的遗物。南诏是我国唐代西南地区少数民族所建立的一个地方政权，创始于贞观二十三年（649年）；自开元元年（713年）起，在唐中央政府的支持下，渐次统一各部，并迁治太和，也就是今天的大理。五代时后晋天福二年（937年），南诏为段氏大理政权所取代。由于南诏统治阶级的积极提倡，佛教的支派密教在这一时期传入该地区，与原有的本民族宗教信仰相融合，千寻塔就是这一融合的产物。

据记载，其顶部原饰有"金鹏鸟"一只。大鹏金翅鸟本是佛教艺术中常见的形象，但当地人却称之为本民族所崇拜的图腾动物金鸡。另外，塔内所保留的法物中也有不少密教的遗物。千寻塔的形制与同时所建的西安小雁塔十分相似，说明南诏在文化上深受盛唐文化的影响。

千寻塔之外的另两座较小的塔，也都是密檐式塔。平面皆呈八角形，十层塔檐高约42米。其建造年代晚于千寻塔，是继南诏而起的大理政权时所建，这相当于中原地区的宋代。二塔位于千寻塔之西约70米处，两塔之间相距97.5米，南北对峙。大理三塔如三笋并突，耸立南天，相互辉映，构成一幅优美动人的南国画卷。

五 宋辽金
——古塔的繁丽

1 概述

宋、辽、金是指从公元960年到1271年这段时间。这一时期，相对来说，佛教不如以前兴旺，但不同时期、不同地区仍有例外。尤为重要的是，在进入宋、辽、金以后，虽然古塔发展的宗教内涵没变，但其功能却逐渐扩大；这反过来又影响着古塔的建筑风格和造型，于是出现了古塔的繁丽期。

宋代是中国古代历史上科技文化发展的又一个高峰期。唯心主义的性理说成为当时儒学的主流，阴阳五行和风水等思想相当流行，这些都无形中影响了当时人们的生活习惯和追求。在这里，值得介绍的是宋代与古塔建筑关系密切的建筑艺术。

宋朝建筑一反唐朝那种宏伟刚健的风格，向秀丽、绚烂而富于变化的方向发展，出现了各种形式复杂的建筑物。在建筑修饰上，灿烂的琉璃瓦和精致的雕刻花纹以及彩画等，增加了建筑的艺术效果。由于手工业的高度发展，建筑构件的标准化在唐代的基础上不断发展，各工种的操作方法和工料估算都有了较严密的规定，并且出现了总结经验性的《营造法式》这部具有极高历史价值的建筑文献。

偏安江南的南宋，虽然统治地域狭小，建筑规模也不大，但寺塔精巧秀丽的建筑风格却十分明显。

在北方建立政权的辽朝，仿汉族建筑，使用汉族工匠。不过由于北方从唐末起就处于藩镇割据状态，建筑技术和艺术很少受到唐末至五代时中原和南方文化的影响，因此辽代早期建筑保持了很多唐代的风格。而后起的金朝，在建筑艺术上又形成宋、辽掺杂的风格。

总之，从北宋起，中国建筑开始了发展的新阶段，并形成了一个新的高潮，以后诸代建筑都是在宋朝的基础上不断丰富发展起来的。

讲古塔发展，这个时期的佛教当然也不能不提，但自五代以后，中国佛教总的状况是大势已去，进入衰落期。北宋开国皇帝赵匡胤极力倡导佛教，说它是"有禅政治"，并在都城汴梁建造起一座极其豪华而高大的楼阁式佛塔，造塔之风又在全国骤然兴盛起来，且古塔建造呈现出亮丽多姿的特色，形成中国古塔史上的又一个高峰期。

所以出现这一变化，主要有如下几个原因：一是隋唐五代时古塔建筑的成熟，为该时期古塔的兴建打下了雄厚的基础，使之能在唐塔基础上向着更加完美和多彩发展。二是宋代宽松的社会环境和开朗的社会意识，使古塔建造风格呈现出生动活泼的特色；而科技、艺术的高度发展，又为追求造塔的绚丽提供了可能。三是宋代整个建筑风格的特点就表现出了秀丽、绚烂而富于变化的特点，这当然也影响着古塔的建造风格。

宋、辽、金古塔的发展，大体有以下特点。

在建筑材料上，除了大量的砖石塔以外，用金属铸制和用琉璃瓦装饰的大型塔开始流行。当然，琉璃塔的建造直到明、清时期才达到高峰，而金属塔则以铁塔为主流。宋、辽、金时期留下的古塔遗例中，还有一座辉煌的木塔，这就是应县佛宫寺释迦塔。宋、辽、金高层塔发展的一个显著特点，就是出现了砖、石、木等材料相结合而产生的所谓"砖木造"，这种塔融砖石和木头的建材优点于一体，使高层塔的发展达到了高峰。

在建筑风格上，传统的楼阁式塔和密檐式塔在唐代造型的基础上有了进一步的发展，即外观更加优美和大方。此外，还出现了一种崭新的塔体类型，即花塔。花塔是宋、辽、金时期所独有的一种高层塔，虽然存在的时间比较短暂，却在古塔史上抹下了重重的一笔。单层亭阁式塔在该时期虽然还在兴建，但仍然以墓塔为主，且明显地表现出衰亡的趋势。

在建筑形制上，虽然四方形、六角形和八角形等形制的塔都仍有出现，但以八角形塔最为普遍。这种起源于南方的八角形塔，不仅设计科学，增强了塔体的牢固性，而且造型优美，使古塔更显得圆浑、丰润和华丽。

在建筑技艺上，除了取长补短、合理地利用各种建材于一塔之外，塔体结构和外观也更加完善和美观，这一时期留下了我国现存最高的砖石高塔，即高84米的河北定县料敌塔。塔的装饰结合传统方式并增加了一系列新手段，极尽雕琢刻画之能事，使古塔愈显出富丽堂皇、绚烂多彩的艺术特色。

宋、辽、金时期的古塔分布是一个很有趣的事情。由于该时期一直存在着南北对峙的局面，因而佛塔的风格和数量的多寡都有明显的地域差异。在南方，以杭州为中心，东部沿海一线成为集中分布区，其建造风格多为仿木构楼阁式塔；尤其是"砖木造"高塔，更集中在江浙一带，成为今天的一个独特的古塔观赏区。在中原，主要以开封为中心，塔的风格也多为楼阁式塔。在北方，由于受辽、金等朝都城不断迁移的影响，因而辽宁、内蒙古到北京等地区都有大量建造，尤其辽宁省，是该时期密檐式塔的集中分布区。该时期，北方塔建筑风格以密檐式塔为主，这主要是因为没有接受两宋古塔注重楼阁式塔的发展趋势，而仍然受唐代建筑的影响所致。

② 砖石高塔的进一步发展

在唐代，砖石塔不但得到广泛营造，而且也奠定了造型基础，但除了单层的亭阁式塔外，高层砖石塔的建筑并没有达到顶峰，完成这一任务是在宋、辽、金时期。

宋、辽、金砖石塔的一个重大发展，是普遍由唐代的四方形转变为六角形和八角形。这一变化是一个很大的改进，使高层砖石塔解决了两个重大问题。一是增强了抗震性能。据以力学原理的推算和对受震建筑的调查来看，方形的砖石建筑和多角形的砖石建筑，在同样条件下，震害的程度不大相同，方形的重，多角形的轻。二是多角形塔扩大了登塔眺览的视野。由于砖石塔一般出檐较短，平座栏杆也形同虚设，不便或不能走出塔外。如果是方形的，就只有四个面可以向外观看，而六角或八角形的，就可从六面或八面向外眺望了。

宋、辽、金砖石塔的另一个重大发展，是在砖石结构的基础上又根据木材富于弹性和便于加工的特点，用其所长，创造出砖木混合结构，即在砖砌的塔体中，加木枋作为木筋，以加强抗震能力；另外，塔檐、平座及栏杆等部分也采用木料，使整个塔体呈现砖体木壳的特点。砖木造高层塔，撷取了砖石和木材两种建筑材料的优点，使古塔无论在造型上、功能上，还是耐久性上，都达到了尽善尽美的程度。这三者的有机结合，使砖石高塔的发展进入黄金时期。

留存至今的宋、辽、金高层砖石塔很多，形式丰富，其中主要有楼阁式塔和密檐式塔两种。

楼阁式砖石塔又可区分为三种类型：第一种是塔身砖造，外围采用木构，其外形和楼阁式木塔没有多大分别。如苏州的报恩寺塔及杭州的六和塔等。第二种是塔全部用砖或石砌造，但塔的外形完全模仿楼阁式木塔，塔檐、平座、柱额、斗栱等都用砖或石块按照木结构形式制造构件拼装起来。如内蒙古辽庆州的白塔、福建省泉州市的开元寺双塔等。第三种是全部用砖或石砌成，虽模仿楼阁式木塔，但不是亦步亦趋，而是适当地加以简化，创造出自己独特的风格。如河北省定县的开元寺宋塔和山东省长清县的灵岩寺塔等。

从构造上看，这一时期楼阁式塔的平面虽有方形、六角形和八角形三种，但从北宋中期以后，以八角形平面为最多。塔的结构，有些仍用旧法，即只有外壁一环；有些则分内外两环，内环为塔心室，外环为厚壁，中间夹以回廊，楼梯则置于回廊或塔心室内。后一种结构实际上在前边讲到应县木塔时已介绍，这种双层套筒式原则的运用，和唐代砖塔使用方形平面与空筒砖壁内木楼板分隔的方法相比较，无疑是一个巨大的进步。但与木结构不同的是，砖石塔内没有暗层。

至于这种仿木建筑形式的八角形砖石塔的起源，唐代仅限于单层墓塔，五代时建造的栖霞寺塔也只是一个八角密檐的小塔，只有五代末到北宋初建造的塔，才既是八角形平面，又具有楼阁式外观，如位于江苏省苏州市的虎丘塔。可见，这种塔是在五代时期发展起来的，而且很可能是源于南方，进而影响到中原和北方，并一直延续到明清。所不同的是，南方的塔大多数在塔内回廊中置楼梯，而北方的塔则多置于塔心室内，这可能只是地区做法的差别。此外，当时的塔，由于体积不大，只在下层用双层壁体，而上层用单壁与木楼板，是这种砖塔的一种变体。至于方形平面的塔，为数甚少，只是唐塔的尾声而已。

密檐式塔这时盛行于北方。虽然有个别例子仍保存唐代方形密檐塔的形式，但盛行于辽而为金代沿用的另一种塔则是这一时期的一个新的创造。

辽、金密檐式塔大部分是八角形平面，但也有一部分方形的。比起早期的密檐式塔，这时有三个大的变化：一是塔的下部台基上普遍增加了一个高大的须弥座，座上有雕饰富丽的佛像、菩萨、伎乐以及狮、象等动物或植物的图案，上置斗栱与平座，再上以莲瓣承托较高的塔身。二是塔身的内部一改早期空心式可以攀登的特色，而填以土石或用砖砌满，变成实心的塔体，完全失去可以登临的功能。三是塔身的外部，第一层高塔身上增加了很多雕饰，如佛龛、佛像、飞天、隐作的门窗以及柱子、斗栱和椽檩等；第一层塔身上的各檐层之下，也增加了斗栱、椽飞和瓦垅等仿木构部分；同时，又大量采用了楼阁式塔的木结构成分，因而整个塔体的外形达到了一个繁复、华丽的高峰。

这种塔型的来源可上溯到唐末和五代，此后，在北方一直延续到明代以后。

总之，宋、辽、金时期是中国高层砖石塔发展的最高峰，它既超越了隋唐，又为明清所不及，在中国古塔史上具有划时代的重要意义。

宋、辽、金的砖石楼阁式塔和密檐式塔的实物留存非常丰富，数量不下数百，其中具有代表性的，砖石楼阁式塔如上海松江方塔、西林塔，广州六榕寺花塔、泉州开元寺双石塔、杭州六和塔、保俶塔、福州崇妙竖牢塔、定光塔、苏州北寺塔、瑞光塔、定县料敌塔、涿县云居寺塔、北京良乡昊天塔、呼和浩特万部华严经塔、赤峰庆州白塔、银川海宝塔、承天寺塔等等；密檐式塔如北京天宁寺塔、通县燃灯塔、河北昌黎源影塔、正定临济寺青塔、辽宁锦州广济寺塔、北镇崇兴寺双塔、辽阳白塔、吉林农安塔等等。当然，这些塔有的后来又有修补或改建，但其风格却基本保持不变，堪称同类塔中的代表。

宋、辽、金是中国高层砖石塔发展的一个重要时期，留存下来的典型名塔也比较多。

①杭州六和塔又名六合塔，位于杭州钱塘江畔，初建于北宋开宝三年（970年）。关于塔的建造缘由，说法不一。其一说该塔由当时雄踞一方的吴越国王钱俶所筑，目的是镇压钱塘江潮。那时佛教盛行此地，人们认为佛法无边，是最有力量镇压妖魔鬼怪的；而汹涌澎湃的钱塘江大潮，又一向被当成是水怪在作祟，于是钱俶想出了建塔镇妖的主意。其地旧有六和寺，塔以寺名，故称六和塔。"六和"，即"六和敬"，是佛教术语；至于"六合"，则是取天、地、东、南、西、北六方以显示其广阔的含义。其二说建塔是为了适应当时钱江夜航的需要。钱塘江是古代吴越地区的海上交通要道，而此处又是钱塘江入海的转弯之处，建一座高大的塔，塔顶或四周翘角上悬挂明灯，可以在夜间形成一种鲜明的标志，引导船只顺利通过。

六和塔初建时规模很大，塔身共有九级，高50

余丈，但由于历史上兵祸不断，屡遭毁坏。北宋宣和三年（1121年），六和塔又一次被火烧毁，南宋绍兴二十三年（1153年）开工重建，前后整整花了八年时间，于隆兴元年（1163年）全部竣工。现在我们所见的六和塔，则是在清光绪二十六年（1900年）修缮的。

六和塔全部为砖木结构，高59.89米，塔座占地1.3亩。现在的砖石结构塔身只有七级，系南宋时期的原作；外边的十三层木罩则是清代添加上去的。这一添加，使六和塔分外宏伟壮丽。

塔内每级中心都有小室，小室外面是廊道。级与级之间铺有螺旋形阶梯，盘旋上升，可直达顶层。在每一级的须弥座上，雕刻着花卉人物、鸟兽虫鱼等各式图案，刻画精致，栩栩如生。平面作八角形，腰檐层层支出，宽度向上逐渐递减，檐上明亮，檐下阴暗，使整个塔身在外观上明暗间隔，收分合度，轮廓衬托分明，充分表现出古塔宜于远望的艺术处理手法。

六和塔以其自身的古朴大方和周围的山川秀色，吸引了无数的骚客游人。人们或赞美它"压波凌江，巍然作镇"的气势，或夸奖它"灯通海客船"的丰功，更多的则是吟咏塔身内外的无限景致："日生沧海横流外，人立青冥最上层。潮落远沙群下雁，树欹高壁独巢鹰。""孤塔凌霄汉，天风面面来。江光秋练净，岚色晓屏开。独鸟冲波没，连帆带日回。"

塔以人传，人以塔名。千百年来，六和塔不仅留有许多优美的诗篇，更有《水浒传》中梁山泊英雄鲁智深圆寂于此的描写，这些脍炙人口的名人轶事，使宏伟的古塔更罩上了一层神秘色彩。

六和塔是中国古代砖木结构建筑物中的奇珍，1961年被国务院列为全国重点文物保护单位。

②松江方塔位于上海市松江县城内东南隅市桥西的兴圣教寺内，是北宋熙宁年间（1068～1077年）所建，后经明、清两代重修，但到解放时已经破残严重。塔的不少部分虽被历代所改变，但主要结构和形制仍为北宋原物。尤其是木质斗栱保存了60%，券门上的月梁、外檐梁枋等也多为原构件。1975～1977年松江县对古塔进行了一次彻底的大修，使之再现了北宋的风采，并在塔边兴建了方塔园。

塔的平面为正方形，下层每边宽6米，第一层外周有木构回廊。每层均设木制平座和塔檐。塔身外观九层，高48.5米。每面用砖砌倚柱划分为三间，当心间辟门，平座四周设有勾栏。塔身内部为空筒式构造，每层均施木制楼板和楼梯，为唐、五代和北宋时期砖木混合结构塔的常见形式。

塔刹全是铁制，由覆钵、相轮、葫芦、浪风索等部分组成，高7.85米，这些铁件套在一根长13米的木柱上。木柱竖在塔的第八层楼板上，穿过屋顶，顶住塔刹，使塔的造型更加美观，同时也使塔的上面几层都荷载一定的重量，以抵挡猛烈的海风。

整座塔外观曲线柔和，结构简洁明快，宛若亭亭玉立的少女，前人以"近海浮图三十六，怎如方塔最玲珑"来赞美它，是当之无愧的。

③六榕寺花塔位于广州市朝阳北路六榕寺内。虽称花塔，但其结构系典型的楼阁式塔，可以登高眺览，与一般花塔完全不同。

六榕寺始建于南北朝梁武帝大同三年（537年），原名宝庄严寺，相传是当时广州刺使萧俗为埋葬梁武帝母舅从海外带回的佛骨而建。建寺的同时也建了这座舍利塔。寺院的名称几经更改，建筑也不断重修。北宋哲宗元符二年（1099年），大诗人苏东坡来寺游览，见内有古榕树六棵，便挥笔题了"六榕"二字，明朝时就把寺名改为六榕寺。

初建之塔为一方形木塔，后毁于火。现存之塔是北宋哲宗绍圣四年（1097年）重建的，建成后虽经多次重修，但塔的主体还是原物。

塔为八角九层砖木混合结构，通高57.6米，在江南古塔中要算是较高的一座。塔内自一层以上每级皆有暗层，共计十七层，有梯级左右上下。但登塔有一诀窍，即上塔右转，下塔左转，倘不了解这一点，便要走不少弯路。塔刹用铜铁铸成，刹柱为元代所铸的千佛铜柱，有相轮九重，连刹顶宝珠和下垂于顶角的铁链，共重5000公斤。

六榕寺塔的妙处，在于各层塔檐用琉璃瓦覆盖，轻巧地微微翘起，在阳光下彩釉生辉，犹如绽开的花瓣，远远望去，色彩华美，隽雅秀丽，仿佛整个塔身是由九朵怒放的花朵叠成的。而顶部直指苍穹的塔尖和四周的铁链，又像伸出的花蕊，所以便有"花塔"之称。

④庆州白塔又名释迦如来舍利塔，位于内蒙古赤峰市巴林右旗以北120公里的平原上。这里辽代时称庆州，山清水秀，景色优美，曾是辽代皇帝田猎之所，是当时极为重要的城镇，后废于金代。现保留有大量建筑遗物，白塔即是其中最主要的一处。

塔建于辽兴宗重熙十八年（宋仁宗皇佑元年，1049年），八角七层，总高49.48米。塔下为八角形台基，边长10.34米。台基上方是高为1米的仰莲带，带上即为塔身。塔内原有阶梯可以攀登上塔，因第一层的阶梯早已拆除，并改建为经堂，所以不便上达。塔的外部为典型的仿木构楼阁式，每层都用砖制作出柱子、檩枋、斗栱以及门窗等。每屋正面当中辟拱门，第一层侧面作直棂假窗。塔身外表雕饰着佛像、天王、力士、飞天、菩萨像，并有塔幢、狮子、大象、人物以及其他各种花纹的雕砖。塔的外面各层还悬挂着828面圆形及菱形铜镜，塔刹也为铜制鎏金，日光照射下灿烂夺目，与白垩土粉刷的塔身相辉映，在数十里之外即可遥见，十分壮观。

庆州白塔远隔中原数千里，当时在辽、金地区已盛行了密檐式高座实心塔，而此处还建造了这样巨大的、在中原和江南地区流行的楼阁式砖塔，说明当时中国南北地区存在着密切的技术和文化交流。

⑤定县开元寺料敌塔位于河北定县南门内，原开元寺早已不存，唯留高塔耸峙于广场上。

料敌塔建于北宋咸平四年（1001年），是宋真宗下诏建造的，一直到北宋至和二年（1055年）才建成，先后历时55年，故当地流传有"砍尽嘉山木，修成定县塔"的说法。当时定县处于宋、辽对峙的边境上，军事地位十分重要。宋王朝为了防御辽军，利用此塔瞭望敌情，故取名料敌塔。

塔为楼阁式砖塔，八角11层，总高84.2米，相当于一座20层的大楼，在30里之外便可望见它的身影，可见其"料敌"效果当真不凡。料敌塔是中国现存最高的古塔，也是最高的一处古代建筑物。塔的每层边长与层高比例适度，搭配匀称，外观挺拔秀丽。第一层塔身较高，上有塔檐平座，以上各层则只有塔檐而无平座。塔檐的形式是用砖层层叠涩挑出短檐。其断面呈现出明显的凹曲线，较江南完全用砖石仿制柱子、梁枋、斗栱的楼阁式塔别具风格。塔刹的形式是在刹座上施以巨大的忍冬花叶，置覆钵，覆钵之上置铁制相轮和露盘，最上为两个青铜宝珠。

塔的四个正面均辟有门，其余四面则饰以假窗。窗上用砖雕出各种几何纹的窗棂。在外部各层门券上，还绘饰着彩色火焰纹图案，直到腰檐外口为止。

塔的内部结构为穿心式楼梯上达各层。每层均有回廊。廊的顶部用砖制斗栱，斗栱上施以砖制天花板，雕有各式精美的花纹。第四至七层的天花板改为木制，在板上施以彩画。第八层以上则无斗栱，只是以砖砌作拱顶。这可能是由于施工时间过长，中途因战事或缺料而停工，后又继续建设而不免局部有所改变。

料敌塔自修建以来，经历了将近千年的时间，明、清时期曾有小的修缮，但对塔的结构和主要部分均未改动过。1884年，塔的东北外壁忽然崩塌下坠，可能是这一部分塔基残坏，加上以往曾多次地震，使上部结构开裂而造成的。

这一局部的崩塌，却意外地使人们了解到这座砖塔的内部结构，即塔的中央好像是一根上下贯通的砖柱，砖柱的外形也是一个塔的形状，被称为塔内包塔。塔的第一层因高度较大，又分隔成两层。上层圆顶，用砖骨八条以承载逐层挑出的砖块，结构别具匠心。

当然，料敌塔在结构上并不十分完美，主要是由于当时的设计方案不是出自一人之手。但是瑕不掩瑜，它保留了宋塔的建筑风格，以其高耸云天的雄姿、精工绮丽的棂窗和丰满秀美的塔身而一直为后世所珍重。自寺塔建成后，逢节开放，形成定俗，游人甚多。登料敌塔以望远，也已成为当地人引以为豪的一种活动。1961年，料敌塔被列为全国重点文物保护单位。

⑥泉州开元寺双石塔位于福建省泉州市开元寺紫云大殿前，东西对峙，东塔名镇国，西塔名仁寿，二者相距约200米，俗称泉州东西塔。

泉州是中世纪时的东方大港，而开元寺是闽南著名寺院，也是中国南方著名古刹。开元寺始建于唐代垂拱年间（685~688年），到宋代又大为发展，双石塔即是这一时期遗留下来的。双石塔是泉州的标志，"雄州巨港越千年，双塔扶摇接碧天"就是赞美双塔的诗句。双石塔造型优美，结构精巧，规模宏大，在中国石塔中堪称首屈一指。

镇国塔始建于唐咸通年间（860~874年），初为木塔，此后屡毁屡建，于南宋宝庆三年（1227年）改为砖塔，嘉熙二年（1238年）改为石建，至淳佑十年（1250年）完工。

塔的形式为八角五层楼阁式建筑，高48.24米，直径18.5米，边长7.8米。第一层塔身之下有一比较低矮的基座，为须弥座形式。座身上下，刻莲花、卷草各一层，八个转角处雕有承托巨座的力士像各一。束腰部分壸门内刻佛传故事及狮、龙等动物形象39幅。座上塔基周绕石栏杆，基座的四正面各设踏步五级。

塔身分作外壁、外走廊、内回廊和塔心柱几个部分。外壁四正面辟门，四斜面设佛龛。门侧刻天王、力士，龛两旁刻文殊、普贤及其他菩萨、天神、佛弟子等，形态极为生动。塔身每层转角处雕作圆形倚柱，制作特异，为一般古建筑所罕见。每层塔身之外，均设有平座栏杆，构成周绕的外廊，人们可以走出塔身凭栏眺望，这是北方砖石塔所少有的。

仁寿塔修建于五代后梁贞明二年（916年），原来也是木塔，后因两次失火，北宋时改用砖建，南宋又改用石建。它的建筑形制与镇国塔基本相同，高度只有44.06米，较镇国塔低4.18米。

两塔的内部结构，与一般砖塔的盘旋式或穿心式不同。不是把楼梯砌在塔壁或塔心柱上，而是忠实模仿木塔楼层的形式，在靠塔心柱的一侧留出方孔，以安设梯子上下。塔心柱为石砌实心柱体，没有塔心室，只是在正对塔门的一面设长方形佛龛，内置佛像。塔心柱体与外壁的联系，为内回廊楼层。楼层的结构是在内外挑出大石叠涩两重，上覆压排列石条，并有通长石梁加以联系。

塔刹的形式为典型楼阁式塔的金属塔刹，极为挺秀高拔。由于铁刹高大，在塔顶八角的垂脊上系铁链八条拉护，以使之稳固。

泉州双塔的造型与结构，忠实地模仿了木塔。二塔体形宏大，出檐深远，勾栏环绕，门户洞开，望之宛如木构一般。它们那挺耸的身影，构成了泉州古城风景线的脊梁，又成了泉州历史文化的见证。人们漫步在泉州街头，看着那两座巨塔，思绪不禁超越了时间和空间，飞到那盛极一时的古泉州。

⑦天宁寺塔位于北京市广安门外北面，建于12世纪初的辽代末年（1100～1120年），它是中国现存密檐式塔的代表作，也是北京现存年代最早而又最高大的一处古建筑。

塔建在一个方形基台上，平面作八角形，总高57.8米。塔的下部为一高大的须弥式塔座。须弥座的束腰部分刻壶门花饰，转角处有浮雕像。其上又有雕刻着壶门浮雕的束腰一道。座的最上部刻出具有栏杆、斗栱等构件的平座一周。

须弥座上刻有三层巨大的仰莲瓣，承托第一层塔身。第一层塔身四正面有拱门及浮雕像。第一层塔身之上，施密檐十三层。塔檐紧密排列，不设门窗，几乎看不出塔层的高度，是典型的辽、金密檐塔的形式。

塔为实心砖塔，内外均无梯级可登。从外形看密檐部分的出檐均不远，檐下有斗栱，不露塔身，每一层系缀风铃。塔檐递次内收，递收率向上逐层增大，使塔的外轮廓呈现缓和的卷杀形式。塔顶用砖刻出两层八角仰莲，上置须弥座，最后是承托的宝珠。

全塔造型丰满有力，极为优美。须弥座、第一层塔身、十三层密檐和巨大的结顶宝珠，相互组成了轻重、长短、疏密相间相连的艺术形象，在建筑艺术上收到良好效果，被誉为"富有音乐韵律的古建筑设计的一个杰作"。

塔自建成后，历代曾有修缮，但其结构、形状及大部分雕饰仍为辽代原物。1976年唐山大地震时，此塔受波及，塔顶宝珠被震碎，局部瓦件有坠落，但整个塔身尚完好。

⑧辽阳白塔位于辽宁省辽阳市旧城西北半里许的白塔公园里，建于金大定二十九年（宋孝宗淳熙十六年，1189年），系贞懿皇太后为祈冥福，以内府金钱30余万而修造。

辽宁省是中国辽金密檐式塔分布较密集的地方，但以辽阳白塔最为出类拔萃。塔的平面呈八角形，建在一个高大的石台上。塔身系用砖砌成，密檐十三层，整座塔高71米。

塔身的八面各建佛龛，第一层檐下砖雕五铺作斗栱，承托檐部；第二层檐以上均叠涩出檐，逐层往上内收。各层悬有风铃、铜镜，塔顶有刹杆、宝珠和相轮。

白塔体量雄伟，仪态端庄，结构严谨，比例匀称，整个建筑的造型和局部雕刻，都具有较高的艺术水平，是辽、金密檐式塔的典型。1975年海城地震，白塔经受了考验，仍完好如故。

3 花塔

花塔是一种极为独特的古塔类型，它是佛塔艺术在中国不断进化的产物。印度窣堵坡传入中国以后，就逐渐从原来的质朴简洁向华丽复杂发展。这主要表现在三个方面：

其一，从形状上看，印度的窣堵坡只是一个光秃秃的半圆冢，而中国古塔不管是与亭阁还是与楼阁相结合，都表现出了复杂化的趋势；尤其是楼阁式塔，不仅高，而且分层建筑，内外结构都很繁琐，即使是以后发展起来的砖石塔，由于受木结构塔的影响，也在造型上追求新颖别致。

其二，在修饰上，最初的木塔受传统木构建筑的影响，多讲求彩绘装饰而显得富丽堂皇；后来的砖石塔又在木塔浓墨重彩的基础上，结合了佛教的雕刻艺术，使塔体的装饰更加亮丽多姿。

其三，在功能上，木构楼阁塔继承了我国传统楼阁建筑可登高眺望的特长并进而充分发挥了它；砖石高塔虽然受建筑材料的限制，这种功能有所削弱，但它却更加注意外形，使古塔进一步体现出可以独立观赏的价值。

正是基于以上的各种变化，中国古塔经过了数百年的演变，终于走上了从单纯为宗教崇拜的建筑物向艺术观赏的建筑物发展、过渡的道路。其结果是，原有的一些实用价值如可登、可居、可眺望等都渐渐失去，成了一种纯粹的艺术品，这种艺术品的代表便是花塔。当然，花塔并没有摆脱掉塔的宗教性质，相反，它的华美装饰和特殊形式更加增添了佛的神秘和迷惑成分。

花塔，从内部结构上来说，仍属高大的楼阁式塔一类，只是在外表上更加突出造型和装饰，看上去犹如一位佩戴着缀满玉石环佩的簪花仕女，亭亭玉立，窈窕多姿。

花塔讲求装饰，这是受印度及东南亚一些佛教国家寺塔发展过程中，越来越多地进行雕刻装饰的影响。分析中国花塔的形成之路，早期是从装饰单层亭阁式塔的顶部和楼阁式、密檐式塔的塔身发展而成的。如山西省五台山佛光寺的唐代解脱禅师墓塔，塔顶之上装饰重叠的大型莲瓣，可说是中国花塔的先声。当然，它毕竟是一种塔顶装饰，且装饰风格也显得较为简单朴实，而真正形成花塔这种古塔类型，是在此后的宋、辽、金时期。

花塔在中国古塔发展史上曾经绚丽一时，可惜的是，这朵真正的古塔艺术之花，只开放了200年左右的时间，到元代以后，便逐渐濒于绝迹，诚所谓是"昙花一现"。

宋、辽、金时期的花塔，也存在着一个演变过程。总体来看，装饰形式由简洁到繁杂，装饰内容由少到多，最终至于丰富多姿，各呈异彩。如巨大的莲瓣、密布的佛龛，有的甚至装饰或雕塑出各种佛像、菩萨、力士、神人以及狮、象、龙、鱼等动物和卷草等植物形象；有些花塔在建成之初又涂上了各种艳丽的色彩，更显得五彩缤纷、富丽堂皇，从而真正不愧为"花塔"的称号。

中国现存的花塔实物不过10多处而已。出现这种情况的原因，一是花塔盛行的时间较短，二是当时建造的数量较少。现存花塔中的代表是河北正定的广惠寺花塔、曲阳修德塔、丰润车轴山花塔、北京长辛店镇岗塔、房山坨里花塔以及敦煌城子湾花塔等。河北井陉原存一座较具代表性的花塔，可惜1976年的唐山大地震使之塌毁；同一次灾难也使河北车轴山花塔受到了一定的损坏。

①正定广惠寺花塔。位于河北省正定县城内生民街路东原广惠寺内。广惠寺始建于唐贞元年间（785～805年），但寺内之塔根据造型与雕塑艺术分析，应系金代所建。这个时期是花塔发展的晚期，因而该塔较具有代表性，是花塔类型中造型最为特殊、装饰最为富丽的一座。相传，清代乾隆皇帝曾多次到广惠寺内拈香礼佛，登上花塔观览四周景色，并在塔上留下了"妙光演教"的题字。由于花塔名闻海内外，人们便将广惠寺改称花塔寺。

花塔高40.5米，全部用砖砌筑。第一层的平面为八角形，在每个正面上又另加建了六角形的亭状小塔，颇有些金刚宝座塔的意味。塔身的各个正面及亭状小塔之外都设圆形拱洞门，塔身和小塔檐下并配置着奇异的砖砌斗栱。第二层塔身平面为正八角形，上有层层斗栱檐瓦，下设平座，每面有三间，当中是门，两旁是假方格窗棂及长方尖形的砖砌佛龛。第三层的平座很大，而塔身却骤然缩小，四个正面一面辟方形拱门，其余三面设假门，四隅面则隐作出斜纹格子窗。第三层塔身之上，即是花塔的上半部花束形塔身，占塔身全高的三分之一左右。花束形塔身呈圆锥形，塔身的外壁是排列参差、变化有致的浮雕状壁塑，上有虎、狮、象、龙及佛像、菩萨等图案。自花束状塔身往上，以砖刻制出斗栱和椽飞、枋子等，上覆八角形塔檐屋顶，屋顶之上冠以塔刹。刹因年久残缺，不知形状，仅有刹杆至今尚保留残件。

广惠寺花塔造型别致，体形俊俏，结构谨严，稳定中透出秀雅之气。整个塔的外表，原来均附彩画，当年初成时，想定是五彩缤纷、光艳动人。

②敦煌城子湾花塔。是建于宋代早期的一对双塔，位于敦煌莫高窟旁的城子湾，属于中国早期花塔类型。双塔一大一小，小塔结构简单，已大半坍毁，而大塔虽也有残损，但比较完整，其花塔艺术造型清晰可见。

塔体全部用土坯砌筑，外层涂以草泥，表面抹以细泥，并塑制出各种装饰。塔的平面为八角形，最下边是一个高大的须弥座，座上建八角形单层塔室。塔室东西开拱券式门，其余各面做成假门的形式。拱券式的门顶上有焰光装饰，门顶两旁用泥塑出双龙戏宝的图案，造型生动。塔室每个转角处塑出八角柱子，柱间隐塑人字形斗栱承托塔檐。塔室上面即是形似巨大花束的宝装莲花锥体塔身。宝装莲花的中间砌有佛龛小塔及佛像。其上是形式特殊的塔刹，其下部是一单层小方塔，方塔顶上有相轮、宝珠等，但现已残坏不存。

城子湾花塔在装饰上明显有隋唐遗风，标志着它的早期花塔身份；同时，由于敦煌位于中西交通要道上，因而受外来佛塔装饰的影响突出。这就使城子湾花塔不仅具有较高的艺术价值，而且对研究我国花塔的演变有着重要的参考意义。

③房山坨里花塔。辽代建筑，位于北京市房山区坨里云蒙山南麓著名的云水洞不远的小山冈上。

塔类似单层亭阁式，全部用砖砌筑，高 30 米左右。塔的平面呈八角形，下部为一高大的须弥座，座的上部有雕制的斗栱和平座栏杆。基座之上的塔身四正面开设拱券门，门的两旁和顶部刻有佛、菩萨及天王、力士等神像，其余四面用砖雕刻出直棂窗形。

第一层塔身形似塔室，外出两跳斗栱承托塔檐，檐上又有斗栱平座，平座之上是巨大的锥状花束形塔身。"花束"特别高大，几乎占全塔高度的一半，整个外表以七层小塔龛和狮、象等动物形象来装饰，最下一层塔龛为两层方形亭阁式小塔，以上六层为单层亭阁式小塔。塔身之上是八角形小阁式的塔刹，刹顶的宝珠等饰物现已残毁。

坨里花塔建于辽道宗咸雍六年（宋神宗熙宁三年，1070 年）以前，属于早期花塔。

④曲阳修德塔。位于河北省曲阳县北岳庙西北数百米处。这里原有一个巨大的寺院，名为修德寺，塔以寺名，但现在寺已不存，仅孤塔屹立。

修德塔建于北宋天禧三年（1019年），其形制为八角五层砖塔，高20多米。下面是一石砌方台，塔建在台子后部中心线上。塔基下部为一个八角形砖座，挑出双重莲瓣以承托塔身。第一层塔身正面辟门，内为供设佛像之处。第一层塔身之上挑出莲瓣三重，上面是高大的花束状塔身，几乎占了整个塔的二分之一。其位置在塔的中部，是由四个小方塔环绕的五层带状小塔所组成，每个小塔下均有莲花承托。这种装饰虽较其他动植物花纹、佛及菩萨等装饰简洁得多，但其艺术效果却很突出。

修德塔不同于一般花塔，它花束形塔身上又置八角形塔身四层，与一般花塔形状相比，独具特色，是花塔中的特例，极为珍贵。

4 金属塔

金属是非常贵重的材料，即使是铜、铁等常见的金属，古代用于铸造高大的建筑物也极为少见。但由于佛塔的庄严、神圣性，它几乎从一开始在中国出现，就促使人们用金属这一坚固又华美的材料来进行装饰。如三国时笮融所造庞大的浮图即"上累金盘"，《洛阳伽蓝记》一书更具体记载了南北朝时期有些佛塔的塔刹，包括铁链、金盘以及檐角、金铎和门上的金钉等皆用金属所铸就。

用金属制造整座的佛塔,大概始于隋唐五代时期,不过见于记载的只有《旧唐书》中说的,武则天曾在洛阳用铜铁铸成一个八角形的"天枢"。这个"天枢"直径12尺,高达105尺,可谓庞然大物。此外,至今尚未发现过唐代以前的实物。我国现存最早的铁塔,是广州光孝寺的东、西铁塔,均铸制于五代南汉时期。

入宋以后,金属塔的数量逐渐增多,如浙江义乌铁塔,虽已残坏不全,但仍可看出其结构和雕铸极为精美。塔为八角形,从佛像和花纹的风格来看,应是北宋早期的作品。北宋中期以后,用铁铸塔,蔚然成风。出现这一现象的原因,一是生产力的发展,使宋代社会科技、文化等都较以前有了巨大的进步,呈现出一派生机勃勃的景象;二是科学技术的进一步发展,已达到了较高的水平,表现在金属的应用上,就是铸造技术有了高度的成就。这一时期铸制的湖北当阳玉泉寺铁塔、山东济宁铁塔、镇江甘露寺铁塔等,都是巨大的精美之作。

宋代以后,铁铸塔时有出现,到了明、清时期,又兴起了用铜铸塔的风气。铜塔在色泽和可塑性上都较铁塔更具优越性,因而无论从华丽程度还是精致程度上都比铁塔更胜一筹。现存的四川峨眉山的铜塔,尽铜制雕铸之能事;山西五台山显通寺的双铜塔,也是独具风格的上乘之作。

当然,金属材料由于重量大,价格昂贵,所以用于铸塔在高度上受到限制,不能像木塔或砖石塔那样可以造得巍峨高耸。我国现存金属塔中较高的一座是陕西咸阳的千佛铁塔，高33米，实属罕见之作。一般的金属塔高度则都在一二十米上下。

宋代以后铸制的大量铜、铁金属塔，由于它们的特殊价值，在历史上的变革时期，不少精美之作因种种原因被熔化冶炼成铜、铁原料，所以即使它们坚硬结实，能栉风沐雨，也抵不住人为的破坏。这样我们现在所见到的铜、铁宝塔，数量就更少，大概全国所保存的大型铜铁塔不过数十座而已。

①光孝寺东西铁塔。位于广州城内光孝寺中大雄宝殿后边的东、西两隅。东塔建于南汉大宝十年（967年），是以南汉国主刘鋹的名义铸造的；西塔比东塔早建四年，即成于南汉大宝六年（963年），是由刘鋹的太监、内太师龚澄枢与邓氏三十三娘联名铸制的，是我国现存最早的铁塔。

东塔平面呈正方形，七级，总高7.69米。塔下为石刻的须弥座，高1.34米，上为铁铸塔身，高6.35米。塔身的底部是一个连铸在一起的莲花形宝座，上刻行龙火珠、升降龙火焰宝珠等装饰，造型优美生动。上部塔身共铸有900多个佛龛，每龛当中均有一座小佛像，铸工精致美妙。塔成之初，全身贴金，故有"涂金千佛塔"之称，但金色日久剥落，现只呈现出锈铁原色。

西塔也为方形，七级，但抗日战争时被毁掉四层，现仅存下面的三层塔身和一层塔座及塔的石质基座。除石基座外，残高3.1米。原来塔身外部也遍体涂金，辉煌夺目，但与东塔一样，因年代久远，金色已褪，只剩下了一身铁锈色。

石质基座呈仰覆莲花形，四周雕刻精美；基座上为莲花铁座，四角有手托头顶的力士造像；上面承托的铁塔身，四面各设一印度式佛龛，龛内供有一尊小弥陀佛坐于莲花座上，生动别致，形态各异。龛外又遍铸小龛，内置盘坐的小佛像，第一层有208尊，第二层有204尊，第三层有1068尊。塔身四角的塔檐有弧度，上铸飞天、鹤、凤等，铸工精妙复杂，反映了中国当时冶铸技术的水平之高，是一座极富艺术价值的金属佛塔精品。

②当阳玉泉寺铁塔。是我国现存最高、最重、最大的铁塔。它位于湖北省当阳县长坂坡西南的玉泉寺山门口。玉泉寺是一座历史悠久的古刹，相传建于东汉建安年间（196～220年），其后历代屡经兴废，现存文物有铁镬、铁斧、铁钟等，其中尤以铁塔最为著名。

塔铸于北宋嘉佑六年（1061年），为仿木构楼阁式塔，八角十三层，高17.9米，重53.3吨。全塔由塔座、塔身和塔顶三部分构成。基座为双重须弥座形式，外铸八尊金刚武士。塔身层层均雕铸有"八仙过海"、"双龙戏珠"等图案，还有千余尊佛像。第一层塔身四正面作莲瓣形龛门，其余四面饰以佛像、菩萨及其他装饰花纹。檐下仿木斗栱精细疏朗、出檐深远，表现了北宋木构建筑的时代风格。

塔体采取分层铸造的方法，每段均为扣接安装，未加任何焊接，却稳健挺拔。整个塔的外形轮廓纤巧、玲珑挺秀，塔顶飞檐斗栱、龙首凌空，是中国现存铁塔中保存最为完整的一座。

③济宁崇觉寺铁塔。位于山东省济宁市区崇觉寺内。崇觉寺始建于北齐皇建元年（560年），塔则为北宋崇宁四年（1105年）铸建。由于铁塔的出名，后来人们把崇觉寺改称为铁塔寺。

初成之塔，为八角七层楼阁式，明万历九年（1581年）重修时，又增加了两层，所以现在所见的塔为九层。

塔的下部是一个八角形砖砌基座，高23.8米，基座南面辟门，室内顶部砌作斗八藻井。塔身为中空铁铸，高仅10米多，内部填砖。每层均设塔檐、平座和勾栏，塔檐和平座下施斗栱。各层塔身都四面辟门，其余四面设龛，并置佛像于内。在第一、第二层塔身上，铸有"大宋崇宁乙酉常氏还夫徐永安愿"的题记。塔刹为鎏金宝瓶式。原来各层塔檐皆配有风铎，现仅顶层尚存，其余各层都已散失。

济宁铁塔完全模仿木结构形式雕模铸刻，形象生动逼真，不仅反映了宋代木构建筑的形制，而且体现出宋代铸造技术的高超。

④峨眉山保国寺华严铜塔。保国寺在四川峨眉山麓，始建于明万历年间（1573~1619年），原名会宗堂，清康熙时改为今名。现存建筑大都为清代所建，唯有铜塔是明代所铸。

塔体通高7米，下部为粗壮的覆钵，上部塔身为双重楼阁，中间以巨大塔檐划分为二，上下各七层，形似两重七层楼阁式塔相叠而成。塔顶冠以三重巨大宝珠。

塔身外部遍布浮雕，采用高浮雕手法，佛像、菩萨、人物、狮、象等图案均突出于壁面，立体感强，在我国现存的大型金属建筑中，这种富丽的雕饰可谓首屈一指。

⑤五台山显通寺铜塔。显通寺原名大孚灵鹫寺，相传创建于东汉，北魏时扩建。现存建筑物大部分为明代建筑，在寺的后部正中有一座铜殿，铜殿两旁立铜塔一对，也为明代万历年间（1573～1619年）铸造。

双塔形状相同，是由楼阁、亭阁和覆钵式三种形式组合而成，通高约8米。铜塔坐落在雕刻的石台上，下部为须弥座，座上为覆钵，覆钵之上置十三层楼阁式塔身，塔身之上又有重檐亭阁，再上便是塔刹。

铜塔造型特异，塔身布满较一般铁塔更精细的雕饰，为现存古代铜铸建筑物中的珍品。

六 元明清

——古塔的杂变

1 概述

元、明、清是指 1271～1911 年这段时间。该时期不同于以前诸代的一个最大特点是，元、清两个王朝都是由少数民族所建立的大一统帝国。出于自身的喜好和政治的需要，他们将喇嘛教引入内地，从而带来了佛塔的新形式。这样，在传统古塔发展的基础上，出现了古塔的杂变期。

这一时期的宗教信仰值得一提。蒙古统治者入主中原以后，一方面提倡儒学，使宋代"理学"得以继续发展，另一方面又保持本民族原有的一些风尚，同时为了拉拢其他周边民族而扶持其不同的宗教信仰，这其中以西藏的喇嘛教地位最为显著。元代百余年间，自世祖忽必烈起就一直崇奉喇嘛教，奉西藏地区的名僧为帝师，规定每个帝王必须先就帝师受戒，然后才能登基，这样喇嘛教就成为元朝的主要宗教。

明代虽然又是汉人治国，但开国皇帝朱元璋出身于僧侣,鉴于农民利用秘密宗教起义的历史事实,他特地对佛教等进行了整顿,从而限制了它们的发展。入清以后,虽然王朝继承了明代的佛教政策,却又像元代一样,重视喇嘛教。因此从整个元、明、清时期来看,传统佛教基本上处于发展的末期,而喇嘛教则作为佛教的一个新流派充满了活力。以喇嘛教为主的各民族不同的宗教和文化,经过相互交流,也给传统宗教建筑带来了活力。这一时期的宗教建筑物数量很多,遗存也不少,就古塔来说,其发展脉络,基本都能找到塔体实例,这是我们了解古塔发展史的一大方便之处。

　　元、明、清古塔的发展,呈现出以下特点:

　　在建筑材料上,木塔已销声匿迹;砖石塔继续沿着宋、辽、金时期的方向发展,但始终没有新的突破;金属塔中,继宋代铁塔以后,铜铸高塔开始流行;最突出的是琉璃塔的风行。琉璃建材不仅有传统的琉璃瓦,琉璃面砖的用量也大大提高,同时在质量、色彩等方面都达到了很高的水平,从而使宝塔呈现出金碧辉煌的富丽姿态。

　　在建筑风格上,单层亭阁式塔几乎不再出现;高层楼阁式塔和密檐式塔虽仍在大规模修建,但风格上依然因循守旧,甚至还达不到宋塔的水平。这一时期发展起两种崭新的塔体类型:一是喇嘛塔,一是金刚宝座式塔。这两种塔都是伴随着西藏喇嘛教而来的,进入中原地区以后又不断进行着形态演化,并最终成了风靡一时的造塔类型。尤其是喇嘛塔,不仅造型简洁,而且通体纯白,在古塔家族中一枝独秀,深得人们的喜爱，因而造得较多，分布也较广。

在建筑形制上，传统塔仍以八角形为主，四边形、六角形依然存在。喇嘛塔和金刚宝座式塔因形体基本一致，所以除了风格上有变化外，模式差不多都一样。前者是单层的，后者是在高台座上五塔并立。

在建筑技艺上，除了传统技术和手法外，大量的喇嘛教建筑技艺被引用并融合发展，尤其是随着喇嘛塔的兴起，尼泊尔的造塔技术传到中国内地。这一切，都使元、明、清古塔出现了新气象。

元、明、清古塔的发展特点，还有两点不容忽视：一是风水塔的兴起，二是远在西南边陲的一个独特的塔型群体即傣族塔的普及。

风水塔在宋代即有修建，但到明、清时才大为盛行。在建筑风格上，它可以是各种类型的塔，但究其功能，都是为了满足人们追求生活平安等美好的善良愿望。风水塔可被当成镇邪驱灾之物来建，也可被当成招运呈祥之物来建，还可以被当成弥补山川形胜，即风水地气之物来建。这种塔虽然不是中国古塔的主流，但它所体现出的中华民族向善、向美的文化传统，却是不容忽视的。

傣族古塔历史悠久，大概从唐末五代至宋初就开始形成自成一体的建筑风格，至元、明、清时期，已经塔遍村寨，出现了一个景色别致的傣族塔集中区。傣族塔虽然分布地域较小，但数量较多，风格又极为独特，所以我们在后边单独分节介绍。

对中原地区来说，这一时期塔的分布以北京地区为最，这当然是由于元、明、清三朝皆立都北京的缘故。

喇嘛塔

喇嘛塔是喇嘛教特有的佛塔，建筑形式上和印度窣堵坡从尼泊尔又一次传入我国有关。

窣堵坡传到中国来以后，和中国的楼阁、亭子等相结合，创造出了中国式塔，它原来的圆坟形象被融合而放置到了塔顶上。传入尼泊尔后，也受当地文化的影响，在原有形状的基础上被赋予了民族特色，那就是半球形塔身逐渐变高，并在四面加设了假门，顶上的宝匣及伞盖变成了一个高耸的方形十三层密檐塔柱，最上以华盖结束。中国西藏地区的佛教在接受印度的密宗佛教并结合当地的教义形成喇嘛教以后，由于地域上的邻近，在佛塔的造型上更多地受到了尼泊尔窣堵坡式塔的影响，逐渐形成了独特的喇嘛塔造型。

喇嘛塔不论是大是小，其基本形式都是一样的。它的基台是一个异常高大的须弥座；须弥座上承托着半圆形的塔身，即覆钵，俗呼"塔肚子"；塔身之上是长大的塔刹，其下半部分是收缩的相轮座，又称"塔脖子"，相轮座上立着十三层环状圆锥形相轮，称之为"十三天"，最上边是伞盖、流苏、宝瓶或天盘、地盘、日月火焰等。从整体上看，这种塔形就像一个巨大的瓶子，故有"瓶子塔"之称。

喇嘛教在西藏地区得到充分发展，元朝时由于统治者的提倡而扩散到内地，喇嘛塔也随之在全国各地兴建起来。

喇嘛塔虽然自元代以后才大量建造，但它的形象却很早就出现了。从北魏时期开凿的云冈石窟浮雕和敦煌壁画中即可看到，从唐代开始，喇嘛教传入我国，喇嘛塔也开始初传。这时的喇嘛塔只在个别地方可以见到，如五台山佛光寺的一个和尚墓塔。现存两个辽代特殊形式的塔，是在密檐式塔的顶上安设了一个较大的覆钵式塔，一个是北京房山云居寺北塔，一个是天津蓟县观音寺白塔。这种形式的出现可视为从塔刹向大型喇嘛塔发展的过渡阶段。

元代喇嘛塔在全国广泛传播以前，只在西藏、内蒙古和青海高原一带流布。元代渐渐传入中原，明清时期遍及全国。这时的喇嘛塔已不再仅仅为喇嘛教所专有，上至皇家园林中，下至平民百姓处都有建造，而在许多禅宗寺院里，也多用它建造和尚墓塔。

喇嘛塔传入中原地区以后，经历了三个不同历史时期（分别相当于元、明、清三代）的演变，形成了三种不同的艺术风格。明代喇嘛塔属于中间过渡期，而元和清两代的喇嘛塔在风格上截然不同。元代喇嘛塔体型壮硕、风格粗犷，表现出一种阳刚之美；清代喇嘛塔体型清瘦，风格典雅，呈现为一种阴柔之美。二者不仅艺术风格互异，在具体造型上也有差别：元代喇嘛塔覆钵低、相轮粗、伞盖大，在塔的结束处理上采用了华盖、流苏和鎏金小铜塔；清代喇嘛塔覆钵高、相轮细、伞盖小，在塔的结束处理上改用了相背而置的天盘、地盘和日、月、火焰。元代喇嘛塔塔身光洁无饰，清代喇嘛塔于覆钵正面置眼光门和佛像。元代喇嘛塔覆钵下边有一圈粗大的莲瓣，清代喇嘛塔却换成了三道金刚圈。元代喇嘛塔塔基为两层"亚"字形须弥座，清代喇嘛塔塔基只有一层。以上三种塔都有典型的代表，元代是北京妙应寺的白塔，明代是五台山塔院寺的舍利塔，清代是北京北海琼华岛上的白塔。

西北地区的喇嘛塔，在艺术风格上大体也经历了同样的历程，不过它们的形式比内地的要丰富得多。这里所说的形式不是指单体塔，在单座塔的建制上，喇嘛教建塔不像内地建塔那样纷然杂陈，但它们通过不同的组合来表达出多种用途和宗教含义。因此，西北地区的喇嘛塔中，有多层佛殿式的塔，有连绵一两里长的塔墙，有十几座乃至几十座小灵塔挤得满满的灵塔殿。

在功能上，喇嘛塔既可做真身舍利塔，如妙应寺白塔；又可做法身舍利塔，如武昌胜像宝塔等；还可以做活佛的灵塔及一般喇嘛或僧侣的墓塔。当然，由于元、明、清时期中国古塔在功能上已远远超出了宗教范畴，所以洁白一体的喇嘛塔还往往被建成缀景塔。

在喇嘛塔盛行过程中，还产生了一种"门塔"和"过街塔"。这类塔建于街道中或大路上，下部修成门洞的形式，门洞上边建平台，平台之上置一个或几个小塔。有些过街塔下可以通行车马或行人，而门塔则一般只容行人经过，不通车马。

门塔和过街塔的兴建始自元代，它的产生称得上是佛教宣传上的一大发明创造。据说，修建这类塔是为了让过街行人得以顶戴礼佛：凡是从塔下经过的人，就算向佛进行了一次顶拜，因为塔在上面，佛也就在顶上。对佛教徒来说，不用进庙焚香跪拜，只从塔下走过就行了，这一方式把过去佛教上宣传的礼佛念经以及要费尽很大心力的苦修、苦练和苦拜的教条完全放弃掉，给信徒们大开了方便之门，不能不说是一传教高招。

过街塔的产生，是由喇嘛塔引起的，因此初期的过街塔和门塔上的小塔都是喇嘛塔。但随着时代的发展，也有其他形式的塔被用来建造过街塔，如密檐式塔、楼阁式塔等。

过街塔的建筑造型，是与中国古代建筑中城关式建筑相结合的产物，因此，曾经有不少人把这种塔称作"关"。如北京居庸关的云台，本来是一个过街塔的塔座，但有人称它为"居庸关"，久而久之也就约定俗成了。

我国现存的门塔和过街塔数量很少，除了上述居庸关云台外，江苏镇江还有一座云台山过街塔；原来北京西郊法海寺门前有一座门塔，跨于大道之上，上建一座喇嘛塔，但现已不存；河北承德普陀宗乘之庙内外，建有不少门塔，有一孔的，也有三孔的，门上之塔或为单塔，或为三塔，或为五塔，可谓琳琅满目。

还有一种很特殊的喇嘛塔。它不属于任何一体，也不属于任何一个地区，看上去不伦不类，如内蒙古呼和浩特市额木齐召喇嘛塔、西藏日喀则拉当寺儿米罗布桑塔等。它们是清代所建，为汉、藏建筑形式在喇嘛塔上相结合的一种新塔型。实际上，它们的出现是清代统治者维护民族团结的一种应时的捏合，但在中国古塔发展史上却值得一提。

①妙应寺大白塔。在北京阜成门内。妙应寺创建于辽代寿昌二年（宋哲宗绍圣三年，1096年），辽代原建有一塔，内藏舍利、戒珠、陀罗尼经以及一座香泥小塔等法物。至元八年（1271年），元世祖忽必烈毁旧塔而新建一座大型喇嘛塔，这就是现在的妙应寺塔，因其全身外部抹以白灰，颜色纯洁，故直接称作大白塔。

忽必烈为什么要拆毁原来辽代旧塔而建新塔呢？这说来话长。元代统治者原为少数民族，为了"保大业之隆昌"，巩固其帝国统治，维护多民族国家的统一，以尊重喇嘛教作为笼络西藏等地人心的一种手段，并大力推行之，使其成为思想统治的工具。喇嘛塔是喇嘛教的象征，因而有必要大力兴建。正因如此，忽必烈亲自卜地，选择了妙应寺这个地方，将原来辽代的旧塔拆除，重新建造适应喇嘛教需要的塔和寺院建筑。

据说，妙应寺白塔为尼泊尔工匠阿尼哥设计。阿尼哥17岁那年来到西藏，后来通过八思巴大国师的推荐入仕元朝。他有非凡的建筑和绘画才能，在西藏时就曾设计建造过黄金塔。到大都后，于至元八年（1271年）接受了主持修建妙应寺大白塔的艰巨任务，前后共用了八年时间，终于建成了这座轰动京师的大塔，他本人也因此而一举成名。

妙应寺大白塔是我国现存最大而年代又较早的一座喇嘛塔。塔高50.9米，塔的最下层是一个3米高的"亚"字形平台，可供人们在台上绕塔一圈，平台前有一个可由东西两边上下的台阶，台阶正中有一组"二鹿听法"石雕，很是精美。平台上，塔的基座也是"亚"字形的，被处理成两层的须弥座，座高9米，边宽22.5米。再往上，是一圈硕大的铺地莲瓣，莲瓣上是五道金刚圈，圈上是一个上肩略宽的圆柱体覆钵，即塔肚子。覆钵最粗处直径为19.5米，其上的相轮座，即塔脖子也被做成"亚"字形的须弥座，上边立着底径12米、高15米的圆锥形华盖。它的四周挂着36块宽1米、高2米的流苏铜花板，每一花板下缀着一个铜铃。华盖上还有一座5米高的鎏金小喇嘛塔，作为全塔的结束。每当微风徐起之时，"珍铎迎风而韵响"，而遇晴空万里之际，"金盘向日而光辉"，可谓妙趣横生。

据文献记载，在元代的时候，光溜溜的大白塔并不只是在塔顶上有所装饰，它的须弥座和塔肚子等也都饰有类似"璎珞"的花纹，基座四周则装有玉杵和石栏杆，所谓"身络珠网，角垂玉杵，阶布石阑"。可惜现存的塔已经明、清两代重修，装饰渐被取消，变成了光溜溜的塔体。但这一成功的改进，反而使大白塔变得简洁了，更符合它肩宽体大的艺术风格和"坐镇都邑"的力量象征。

大白塔系全砖结构，风格粗犷，比例匀称，轮廓洗练，全塔上下一袭纯白，光洁如玉，充分显示出第一代喇嘛塔质朴生动的艺术魅力。

②五台塔院寺舍利塔。相传五台山是文殊菩萨现身说法之处，因而成为名扬海内外的佛教圣地。它处于山西省五台县东北的崇山峻岭之中，因有东、南、西、北、中五座高台耸立而得名。台怀镇是五台环抱的中心地区，这里寺院汇集，佛塔摩天，一派佛国神采。坐落在台怀镇的显通寺是五台第一大寺，相传创建于北魏。显通寺内原有一塔院，建有一塔，后来塌毁。

从14世纪开始，五台山成为喇嘛教的中心，所以就在原来的塔院内建造了一座喇嘛式石塔。明万历七年（1579年），皇太后李娘娘命太监范江和李友在古塔的基址上重修了一座大型的舍利塔，即现存喇嘛塔，此后塔院也从显通寺独立出来，成为塔院寺。

现在的塔院寺在显通寺南侧。寺的布局以塔为主，前为大雄宝殿，后为藏经阁，舍利塔位于寺的中心，塔的周围有廊庑环绕，东设禅院，规制完整。

舍利塔总高约50米，在喇嘛塔中是较高大的。塔基座平面呈正方形，围以彩绘回廊，装"法轮"120个，四角设六角形的"法轮亭"供人小憩。基座之上为高大的须弥座，须弥座上是状如藻瓶的覆钵形塔身。塔身之上是由"十三天"相轮所组成的刹身，顶冠铜制鎏金的华盖、仰月宝珠，阳光照射下闪烁耀眼。华盖的四周置铜链固定，安装有36块铜制垂檐，上各悬挂风铃3枚，包括塔腰风铃在内，共有252枚，山风吹来，叮当作响，声传数里，饶有古刹风趣。

舍利塔内部砖砌,外涂白灰,全部白色,故俗呼为白塔。洁白的塔体掩映在青山绿树、红墙殿宇之间,更觉分外皎洁,为台怀诸寺中最为突出的一个建筑物,成为五台山的象征。

③北海白塔。位于北京城中心北海公园的琼华岛上,是古代北京的一处重要名胜。辽金时期,这里是皇家的郊苑,金代建筑成一座华丽的宫苑。元朝时,这里成为宫内御苑,琼华岛改名万岁山。明朝时仍为宫内御苑。

从辽金到元明各期,琼华岛之巅均建有殿宇,称为广寒殿或凉殿,但到明朝末年,殿宇坍塌,久未修复。清朝立都北京后,占领了明代的宫苑,本有重修广寒殿之意,但因为破坏过甚,同时考虑到要利用喇嘛教来进行统治,便于顺治八年(1651年)在废殿遗址上新建了一座白色喇嘛塔,并在塔前修建了一组寺庙,名为永安寺。此后,这座历史悠久的琼华岛或万岁山便被改名为白塔山了。

白塔高35.9米,因雄踞在山之顶巅,借助了山的高度,成了老北京城里第一位的制高点。塔的下部为十字折角形石砌的高大须弥座,座上置覆钵式塔身,塔身的正面有壸门式焰光门,上刻梵文咒语。覆钵上置高大挺拔的塔刹,刹座是一小型须弥座,即塔脖子,上置"十三天",十三天之上覆以宝盖,刹顶冠以仰月、宝珠等。

白塔是第三代喇嘛塔的代表,整个塔形典雅秀丽,如一位楚楚动人的苗条淑女。它的出现虽然是出于清帝笼络信奉喇嘛教的藏、蒙各族人心的政治目的，但却在风景上为琼华岛补添了画龙点睛的一笔。从整个园林艺术上来说，山巅之上，绿树梢头，郁郁白塔，卓然屹立；塔前一路顺坡，因地就势，层层叠起的庙宇与之上下连做一体，形成一组完美的建筑空间序列，这一塔、一庙使琼华岛显得格外华美壮观。散落在四面山坡的木结构建筑，同密密树丛一起，烘托着山顶的洁白塔体，形成强烈的对比，也使整个北海的景观有了一个统率的中心。从这里可以看出，中国古塔在缀景功能上确有绝妙之处。

白塔山白塔是一座不可攀登的塔，但其下四周的平台，却是北京城登高望远的极好去处。它与城西的妙应寺大白塔东西相峙，成为老北京城里的两个最为显著的人文标记。

④镇江云台山过街塔。过街塔在全国现存不多，早期的更少见。据现有调查证明，云台山过街塔是元代所修建的过街塔中保存最完整的一处。

塔位于镇江市西云台山北麓的五十三坡上，它横跨在一条行人往来的街路中，是一座典型的"过街塔"。塔为石筑，下部是一个门坊形的台座，辟有东西向门洞，可通行人。由于门洞类似古代城关，后人遂在门额上刻了"昭关"二字，故该塔又有"昭关石塔"之称。

昭关石塔高约 5 米，是一个喇嘛塔。塔身与门坊台座之间，有一双重须弥座。由于石塔外观似瓶，当地人又称之为"瓶塔"。

昭关石塔的修建，可反映过街塔的宗教性和实用性。塔的西面不远，便是古代去往长江以北瓜洲和江中金山的主要渡口——西津渡。老百姓在过江之前，如果能求菩萨保佑一下，至少在心理上可以得到一点安慰，以为有了安全保障。于是人们便募化钱财，修建了这座过街塔。只要过西津渡，就要先过这座塔；而只要过一次塔，便算拜一次佛、念一次经了，真可谓既方便又"实惠"。

昭关过街塔的创建年代，没有明确的文字记载。根据塔和门洞的形式，推断建于元代，因为塔身与妙应寺白塔相似，而下部过街门洞与建于元代的北京居庸关过街塔座的"云台"形式一样。至今还没发现元代以前有过这样的塔，而元代以后的塔则又大不相同了。塔虽在明朝重修过，但只是局部性修补或更换梁柱，塔身仍为元代遗物。

关于这座塔，好事的人凭想象编造出许多故事。因为塔形像瓶，有人就说这是三国时孙权与刘备联姻时所建造的"石瓶"；又因为它西距西津古渡不远，又有人附会出是春秋时伍子胥逃奔吴国所过的昭关，这也就是门洞上所刻名称的来历。其实这些都是无稽之谈，但它们的存在却为古塔涂上了亮丽的色彩。

8 金刚宝座式塔

在佛教内容上，金刚宝座式塔属于密宗塔。它用来礼拜金刚界五部佛，并象征了佛国中须弥山的五形。

所谓金刚界五部佛是佛经的说教。佛经说金刚界分五部,每部各有一部主,即佛的首领。这五部主分别是中部大日如来佛,东部阿閦(音 chù)佛,南部宝生佛,西部阿弥陀佛和北部不空成就佛。它们依次代表着理性、觉性、平等、智慧和事业,所以又被称做"五智如来"。所谓"如来",是对佛的另一种称呼,指完全把握了真理、彻底觉悟了的人。

五智如来是密宗等诸流派所共同事奉的对象。他们或祀五佛于一殿之内,或奉五尊于一塔之身,这样就出现了金刚宝座式塔这一别具一格的形式:它的下部是四方基台,基台之上四角各建一幢体型较小的塔,中间拱卫着一幢大塔。这些塔塔体多为密檐式,也有其他如喇嘛塔、楼阁式塔等的。

传说,金刚界五部主都有各自的坐骑,大日如来是狮子,阿閦是象,宝生是孔雀,阿弥陀是金翅鸟王……因此,在金刚宝座塔的座子和五个顶塔的须弥座上,都布满了种种坐骑的浮雕图案。

在印度,金刚宝座塔和佛教圣地菩提伽耶关系密切。菩提伽耶位于比哈尔邦格雅城南约 8 公里处,亦名佛陀伽耶。传说佛祖释迦牟尼结跏趺坐、大彻大悟而成无上正觉就是在此处的菩提树下,因而此处成为佛教圣地,自公元前 5 世纪以来僧徒礼拜不绝。

公元前 3 世纪中叶,阿育王在菩提树下建了一个金刚宝座。这个名字的由来,据说是因为菩提树下的这块地方与地极相连,为金刚所构成,能经受大震动而不毁,过去与未来诸佛皆于此成道,所以称为金刚座。到公元2世纪中叶，贵霜王朝又在菩提树东建大精舍，这就是著名的菩提伽耶精舍。大约4~6世纪，在这座精舍的基础上，建起了印度佛教史上的第一个金刚宝座塔。该塔的下部是高大的方形基座，上部为大小五座佛塔，中央大塔巍峨高耸，四角小塔簇卫环立。基座和各塔皆分层遍饰神龛，内置佛像，极为华丽壮观。

印度金刚宝座塔随佛教外传到缅甸、泰国及柬埔寨等地，虽然风格上都各自带上了浓重的本民族特点，但其寓意和构图的手法却是一致的，这使金刚宝座塔成为一种"国际式"的塔形制度。

金刚宝座塔传入中国的时间较早。大概魏晋南北朝时期，随着佛教的初兴就已有了。如敦煌石窟第428窟中北朝时期的壁画，即有非常清楚的五塔图形；四川省博物馆内收藏的一幢北魏造像碑，其碑边上也有一座金刚宝座塔。最具代表性的是山西朔县崇福寺内原存的一座小石塔，系北魏兴安元年（452年）所刻，一个大塔的四隅分刻四个小塔，虽然下面的座子较低，四小塔也不大，但五塔共簇的形式已完全表现出来。这可以说是中国金刚宝座塔的雏形。

金刚宝座塔虽然传入中国很早，但一直未能流行，到明清时期，由于喇嘛教的风行，它才再次传入我国并得以大量兴建。

中国金刚宝座塔在形式上较印度原式样发生了很大的变化，这主要表现在提高了塔的基座，相对地缩小了基座上的小塔；增加了中国传统建筑中的琉璃瓦；

塔座和塔身的装饰中，掺入了大量喇嘛教的题材和风格；塔身各部所雕的斗栱、柱子、椽飞、瓦垅等，也都是传统的中国建筑结构形式。

我国现存金刚宝座式塔的实物不多，全国只有10多处。著名的如北京大正觉寺塔、碧云寺塔、西黄寺塔，云南昆明官渡妙湛寺塔，湖北襄樊广德寺塔，山西五台圆照寺塔，甘肃张掖塔，内蒙古呼和浩特慈灯寺塔等等。

这些分布在各地的金刚宝座塔各有特点，如妙湛寺塔是在高基台上建五座瓶形塔，基台四面作券洞，以十字对穿，是模仿城市鼓楼的形式。慈灯寺塔塔身全部以雕砖作为装饰材料，并配以绿色琉璃瓦檐。碧云寺塔台基上除五座密檐塔外，又增加了两座瓶形塔，成为七塔并峙形式。西黄寺塔中央为瓶形大塔，四隅却改为八角塔式经幢。如此等等。

总之，明清金刚宝座塔虽然风格基本一致，但在具体形态上却千差万别，各具特色。不仅如此，受种种塔形的影响，还出现了一些采用五塔形式的建筑物，如四川省峨眉万年寺砖殿、北京雍和宫法轮殿等。这些建筑上面仍是五塔共立的形式，只是下面的座子变成了别的建筑，这可以算作是金刚宝座塔的变异和发展。

①大正觉寺金刚宝座塔。坐落在北京动物园北面的大正觉寺中，是中国建筑年代较早、雕刻精美、形体最好的一座金刚宝座式塔，被誉为该类塔中的代表性作品。

明朝永乐年间，印度高僧班迪达来中国传教，向明成祖朱棣奉献了五尊金佛和金刚宝座塔的建筑式样。为放置这些贡品，朱棣亲自选址，修建了真觉寺。明宪宗即位后，"念善果未完"，于成化二年（1466年）"命工督修殿宇，创金刚宝座"，并于成化九年告成。至此，真觉寺形成了以金刚宝座塔为中心的中外合璧的寺院。清代由于避皇帝胤禛名讳，改称"正觉寺"，同时，由于金刚宝座塔台座上的五个小塔耸立高空，所以习惯称为"五塔寺"，而真觉寺、正觉寺等名反而久被湮没了。

大正觉寺金刚宝座塔是仿照印度佛陀伽耶的金刚宝座式塔的样子，用砖和汉白玉石砌筑而成。塔基呈方形，高7.7米，上面是五座密檐式方形石塔和一座琉璃亭。五塔之中，中间一座较高，有十三层重檐，高8米；四隅小塔十一层，高7米。下部宝座的前后辟券门，内有石阶梯盘旋而上至通宝座顶部。塔座的壁面用横线条分为五层，各层又用柱子隔成佛龛，座子和小塔身上雕刻着各种图案花纹，主要是五部如来的坐骑形象。除此之外，还有天王、降龙和伏虎罗汉、菩萨、小佛、菩提树、花瓶及莲瓣、卷草、花纹和梵文等雕饰。这些雕刻刻工精致，技法生动，造型优美，不仅使该塔成为一座建筑艺术高超、形制别具一格的建筑物，而且成为一件巨大的雕刻珍品。正觉寺塔也因此而驰名中外。

大正觉寺建成后，历经修建，曾兴盛一时，到清朝末年始渐衰落。1927年，寺院被当时的北洋军阀政府卖给某黄姓商人营业,以后大殿、后殿和配房皆被拆毁,昔日雕梁画栋、金碧辉煌的殿宇,成了一片残砖碎瓦,唯有金刚宝座塔依然屹立于故址。

②金刚宝座舍利塔。又名五塔,位于内蒙古呼和浩特市旧城平康里南的慈灯寺内。慈灯寺因有五塔突兀高空,因而又被称为"五塔召",蒙语叫做"塔布·斯普尔罕召"。

舍利塔建于清雍正五年到十年(1727~1732年),以雕砖作为主要饰面材料,在边缘和转角部分镶以白色条石,挑檐和塔刹部分用光彩的琉璃作为装饰。塔通高16.5米,金刚座平面呈"凸"字形,砌筑于约1米高的台基上,下层是须弥座,束腰部分为砖雕狮、象、法轮、金翅鸟和金刚杵等图案花纹,座身下半部镶嵌蒙、藏、梵三种文字刻写的金刚经。座的上部有七层短挑檐,檐下共塑有1119尊各种姿态的鎏金佛像。金刚座南面凸出部分开有拱门,门上嵌有蒙、藏、汉三种文字书写的"金刚宝座舍利塔"字样。

拱门内为无梁殿,东南隅设有通向座上的阶梯,座上设置方形舍利宝塔,当中的小塔七级,四隅小塔各五级。五个塔身上都密布着佛像、菩萨、菩提树、景云等雕刻。造型比例适中,工艺技巧娴熟,显得玲珑秀丽,在建筑艺术上有较高的造诣。

③清净化域塔。在北京安定门外西北2公里处的东、西黄寺间,自成一个塔院,它是金刚宝座塔中的一种特殊建筑形式。

清乾隆四十五年(1780年)秋天,西藏班禅六世进京为清帝祝寿,曾在西黄寺讲经说法,但不幸于当年11月病逝于北京,第二年始将他的舍利金龛送回西藏。第三年,为了纪念他,在东、西黄寺之间为他建立衣冠冢,并取名清净化域塔。

塔用精美汉白玉石砌成。台座高3米,顶上四周有石护栏,上建五塔。正中一塔高15米,为喇嘛式塔。塔的基础为八角形,分上、下两层:下层雕有海水波涛及鱼、虾、蟹、龟等动物形象;上层雕刻着凤凰、卷草和万字纹等吉祥图案。基础之上是八角形须弥座,座上满布动、植物花纹浮雕,如双凤、双狮、蝙蝠、莲瓣、云纹等;须弥座束腰部分八面分刻佛教故事,即所谓"八相"图,是从佛的出生、修行到涅槃的概括传记。其上又建一八角形折角须弥座,座的四个正面刻有小尘佛各八尊;再上即为覆钵形塔身。

塔身正面刻一佛龛,内雕三世佛坐像,龛旁围绕塔身列八菩萨像。佛及菩萨像的身躯形象皆腰瘦、肩宽,外形清秀,为清代盛期喇嘛教佛躯的标准形象。覆钵塔身之上是由须弥座、莲花座、"十三天"及鎏金莲花宝瓶顶所组成的刹顶。刹顶两旁饰以鎏金垂耳,这是小型金属喇嘛塔常用的装饰,在大型实物中极为少见。

该塔最为特别的地方是:四隅小塔不再是塔,而采用经幢形式,但仍然采取密檐形。塔幢高约8米,也为八角形。第一层幢身刻佛教经文,以上各层刻出幢檐,幢身上则雕刻菩萨像和莲瓣等装饰。

该塔的另一特别之处是,塔的南北两面建有石牌坊，上刻龙、凤、八宝和各种装饰花纹。塔座前两旁各有张口吐舌、长尾有翼的石兽一个。这种石兽名为辟邪，为中国古代官寺、陵墓等建筑前所常用，自佛教传入之后，狮子的形象被大量使用，代替了这种石兽，而此塔用石兽辟邪，可称为罕见之例。

清净化域塔的建筑虽然也是仿照印度佛陀迦耶塔的布局，但主塔的结构和外形则采用了西藏喇嘛塔的形制。塔身上的佛及菩萨形象、花纹和塔台前后的仿木结构石牌坊，又继承了汉族地区的传统手法。不同的艺术风格融合在一起，使这座宝塔具备了独特的风貌。

4 琉璃塔

世界上任何国家或地区的建筑，都缺少不了色彩，因为这个世界就是一个彩色的世界，但每个国家的建筑色彩基调和风格又各不相同：古代希腊的色彩呈现一种洁静风格，欧洲建筑色彩又过于沉重，俄罗斯古建筑色彩较为繁杂，伊斯兰教建筑色彩虽然华丽却有较强烈的神秘感，日本古代建筑虽然与中国接近，但色彩过于简素。

中国古建筑色彩与众不同，用色强烈，图案丰富，使用色彩的部位多，面积大，具有绚丽、活泼、生活气息浓厚的艺术风格。可以说，中国古代建筑在运用色彩上技艺十分成熟。在形成中国建筑色彩的诸多因素中，有彩画、汉白玉等，但起作用最大的则是琉璃瓦。

琉璃瓦是一种表面有各种艳丽色彩的玻璃质釉料的陶瓦。"琉璃"一词最早见于《汉书》，当时称之为"流离"，当指一般初级玻璃而言，若按涂釉陶应用时间，则比《汉书》所指的"流离"更早。在河南郑州二里岗商代城市遗址中曾有带釉的陶器残片出土，证明中国在公元前1000余年即已掌握了制釉技术。

建筑上使用琉璃瓦约始于公元4世纪初，即西晋末年，历经唐、宋，迄元、明、清而大盛。初期建筑上使用琉璃瓦件仅限于屋脊鸱（音chī）尾、檐头瓦件等处，后渐扩展到全部屋面及饰件。最早出现的琉璃瓦为绿色，以后陆续增加了黄、蓝、褐、翡翠、紫、红、黑、白等颜色。琉璃瓦五彩缤纷，流光夺目，不仅是优良的屋面防水材料，还是建筑外表重要的装饰材料。

琉璃用于建造佛塔的最早时间尚不清楚，有人说隋唐时期就已开始，但现在并未见到这一时期的遗物。我国现存最著名的一座琉璃塔是开封的佑国寺塔。此塔建于北宋时期，是我国现存最早，也是最大的琉璃塔建筑。大致说来，在宋、元时期，琉璃塔尚不多见，因为当时琉璃的生产量还较少，用来建塔的也不会太多。宋、元琉璃塔实物现只有开封一处。另外在古墓中还出土了一些该时期的小型琉璃塔，如河南出土的北宋咸平二年（999年）的五彩琉璃小塔，色彩鲜艳，十分精美。

明、清时期，随着琉璃生产量的不断增加，琉璃宝塔的数量也渐多起来。如明朝永乐皇帝下诏修建的南京大报恩寺琉璃塔，曾被认为是中古世界的一大奇迹，现在塔虽不存，但其残损的琉璃构件仍保存了下来。

有清一代，还将琉璃应用于喇嘛塔的装饰上，一改过去喇嘛塔素白无瑕的外貌。如承德有几座寺庙中的喇嘛塔，很多都是通体由琉璃装饰，更有趣的是按方位设计成不同颜色的塔体，配以鎏金塔顶，显得活泼别致。

明、清时期所建的露天琉璃塔，现存大概有100多处。这些华丽的宝塔，座座都是光艳照人的艺术珍品，其中比较有名的如山西洪洞广胜寺的飞虹塔，承德须弥福寿庙琉璃塔、北京香山琉璃塔、玉泉山琉璃塔、颐和园琉璃塔，南京灵谷寺琉璃塔，五台山文殊庙内的"狮子窝琉璃塔"，以及山西阳城海会寺内的琉璃双塔等等。

①开封佑国寺塔。又叫开封铁塔，位于河南开封城内东北隅原来的开宝寺内。此塔其实并非铁铸，而是以红、褐、蓝、绿各色琉璃砖砌造的。因主要是红褐色调，远望如铁色，故俗呼为铁塔，并且经数百年相传，似乎已成定名。

铁塔的前身原是一座八角十三层、高"三百六十尺"的大木塔，名叫灵威塔。灵威塔曾经显赫一时，不幸的是只存在了很短的时间，于北宋庆历四年（1044年）遭雷击烧毁。5年后，即皇祐元年（1049年），北宋皇帝下诏重建，并改用防火的高级建筑材料琉璃砖瓦，于是就有了今天的这座塔。

塔为仿木构楼阁式塔，高54.66米，内为砖砌，外包琉璃。塔身砌有仿木构的门窗、柱子、斗栱、额枋以及塔檐和平座等。它们均由28种不同标准型砖制构件拼砌而成，外包各色琉璃面砖瓦。这些构件上，饰有多达50余种各式各样的花纹，如佛像、菩萨、飞天、力士、狮子、麒麟、伎乐、牡丹、莲花、胡人及胡僧形相等等，称得上是一座早期大型琉璃艺术精品。

塔由塔基、塔身和塔刹组成。塔基为高大的石刻须弥座，但因多年来黄河泛滥，已将基座淤没，甚至连底层塔身也半埋地下，因此整座塔好像从地里长出来的一样，平地拔起，巍峨壮观。

塔的各层悬挂铃铎104枚，随风摆动、叮当有声。底层塔身的南门楣上题有"天下第一塔"的匾额；北门有圭形门洞通向塔心。塔身内有塔心柱，由旋梯将柱和塔身联结在一起，循塔梯盘旋而上，可至塔顶。人在塔里盘旋行动，如同在田螺壳里一样，奇妙而有趣。登至第五层，可以俯视开封古城景色；至第七层可以见到城外田野和黄河大堤；至第九层可以见到黄河如带，穿林而过；当登上第十二层时，则飘然如置身云天之外。所以古人作诗描述："浮屠千尺十三层，高插云霄客倦登。……我昔凭高穿七级，此身烟际欲飞腾。"

这座宋代高塔，千百年来历经洪水、地震乃至兵火之灾，至今仍擎天摩云，岿然不动。清朝道光二十一年（1841年）黄河泛滥，水浸开封，使千年古寺沉于水底，但琉璃塔却安然无恙，独存于世，令人惊叹不已。

②广胜寺飞虹塔。位于山西省洪洞县的广胜寺内。广胜寺是一所历史悠久的古刹，相传创建于东汉，不过原建筑几乎都在元成宗大德七年（1303年）的大地震中被毁。现存寺院是此后所重建的。广胜寺依霍山构筑而成，分上、下两寺，下寺所存的元代壁画和上寺所存的飞虹塔异常珍贵，堪称国之瑰宝。

飞虹塔建于明嘉靖六年（1527年），为八角十三层楼阁式，高47.31米。塔身内部用青砖砌成，外部包砌五彩琉璃砖瓦。各层均出塔檐，檐下是琉璃砖仿木构烧制的斗栱、柱枋、椽飞等构件。塔檐之上设平座栏杆。各层塔身均有丰富的琉璃佛像、菩萨、金刚力士、塔龛、盘龙、鸟兽及动植物图案花纹等。整个塔身外部的琉璃装饰七彩斑斓，尤其是大雨过后，全塔色泽灿烂如新，分外耀眼夺目。

飞虹塔有两个与众不同处。一是它的塔梯。塔为中空式，楼梯沿塔心空筒内壁而设，登塔者必须翻转身体才能登上，这种设置方式为其他古塔所罕见。二是它的塔刹形制。它不同于一般楼阁式塔，除了在塔顶正中设置一座喇嘛式小塔之外，周围四隅还布设了四座更小的喇嘛式塔，并用八条铁链将刹顶分拉在顶脊上，以保持刹顶的稳定。显然，这是仿袭了金刚宝座塔的形式来制作的，这种塔刹是一般古塔中少见的。

飞虹塔这座形式独特、保存完整的琉璃宝塔，已被列为国家重点文物保护单位。

③香山琉璃塔。位于北京香山公园内宗镜大召

之南，原来是宗镜大召内的一座建筑物，八国联军入侵中国时，召庙建筑被毁，而琉璃塔却完整地保存了下来。

召，就是佛寺的意思，宗镜大召建于清乾隆四十五年（1780年），系为接待来北京给乾隆祝贺七十大寿的西藏班禅六世所修建，琉璃塔位于召庙的后山上，与召庙同时筑成。

塔的建筑形式别具一格，为七级八角形，高40米左右。塔下为一石砌方台，上建八角形基座。基座周围绕以白石栏杆，栏杆内建木构附阶，廊柱环绕。附阶的中部建有雕刻佛像的塔座，顶部覆以八角形屋面，如伞张开，宽大舒展；再往上收作八角形平台，成为低矮的须弥座，外缘绕以白石栏杆，正中建七层塔身。塔身内为实体，外仿木构，各层均用黄、绿、紫、蓝各色琉璃砖瓦砌筑而成，顶上冠以巨大的琉璃宝珠作为塔刹。

香山琉璃塔是中国琉璃宝塔发展后期的代表作，它那金碧辉煌的身姿与香山秀色相互映照，每当旭日东升，朝阳直射塔上，熠熠闪光，艳丽夺目；而值夕阳西下，脊阴浓墨重色，瓦鲜砖亮，油光可鉴。如此明暗互换，分外醒目。宝塔层层缀有檐铃，空山幽谷中，微风拂动，铃声回荡，清脆悦耳，余音不绝。

④金陵大报恩寺琉璃宝塔。南京旧称金陵，自魏晋南北朝时，这里就是中国江南地区的一个佛教中心，因而历史上曾经梵刹林立，宝塔凌霄。到了明朝开国，南京又被选为国都，这时南京城里出现了一个古塔奇观，

它就是曾在中国建筑史上显赫一时的大报恩寺琉璃宝塔。该塔被列为中古世纪的奇迹之一，现仅存遗址。

大报恩寺是明朝初期南京城里最为著名的三大寺院之一，位于当时聚宝门（今中华门）外的长干里，也就是今天的长干桥东南、雨花路东的位置。当时寺院中的主要建筑物就是这座琉璃宝塔。

关于大报恩寺名称的由来，有一个曲折的故事。原来，它是在明成祖朱棣亲自操办下建立起来的。朱棣是明代开国君王太祖朱元璋的第四子，朱棣的母亲碽（音 gōng）妃在生下他的时候，尚不足月，皇后借此机会向朱元璋诬称碽妃行为不轨，说这个孩子不是皇帝的。朱元璋一听，龙颜大怒，虽然留下了孩子，但却给碽妃穿上铁裙，囚于密室，不久碽妃就被活活折磨死了。

朱棣长大后，聪明伶俐，朱元璋越看越像他，便找来了太医、司天监等人讯问，大臣们奏称，孩子自古以来常有不足十月而生的。朱元璋听后悔恨不已。但碽妃已死多年，无能为报，便对朱棣十分器重，封为燕王，拥有重兵，坐镇北方，也就是今天的北京。

朱棣即位后，为了给屈死的母亲超度亡灵，便选址修庙建塔，取名大报恩寺，塔的名字也就叫大报恩寺琉璃塔。为什么要用琉璃建塔呢？因为琉璃在古代是一种高级建筑材料，只能用在皇宫等建筑物上，朱棣为报答母恩，不惜一切代价，破格特许用皇家宫殿的材料和制度来修建。

塔的工程精细浩大，历时 20 年，才于宣德六年

(1431年）宣告完工。据文献记载：塔高100米左右，八面九层。塔的外壁全用白瓷砖砌成，每块瓷砖中部都有一尊小佛像。每层所用的砖数均相等，但塔的体量却自下而上逐层收小，可见每层用的砖尺寸不一。塔檐的盖瓦和拱门用五彩琉璃砖瓦包修砌，拱门上装饰有大鹏、狮子、大象及童男等图案，形象生动优美。第一层的八面还在拱门之间嵌砌了用白石雕刻的四大天王像。塔刹作九重相轮，均用铁铸成，当中的相轮最大，分别向上、下收缩，最大的一圈相轮周长36尺，总重量3600斤。相轮之下还有刹座，由上下两个半圆形的莲花铁盆合成，形成仰覆莲瓣式的须弥座。铁盆上涂以黄金，故俗称为"金球"。相轮上的刹顶，冠以用2000两黄金铸成的宝珠。刹顶并有8条铁链垂下，拉于塔顶8条垂脊之上，8条铁链上各悬风铃9个，合为72只，各层檐角下也悬风铃，数为80。这样，全塔总计有风铃152个。

　　整座宝塔因为用了琉璃、黄金及白瓷等，因而显得金碧辉煌，五彩缤纷，耀眼夺目。据说，塔的顶部和地宫之中还藏有众多宝珠及明雄百斤、茶叶百斤、黄金4000两、白银1000两、永乐钱1000串、黄缎两匹和地藏经一部；又在塔上置油灯146盏，特选派了100多名童男，日夜轮值点灯，称为"长明灯"；油灯的灯芯直径1寸左右，每昼夜耗油64斤。如此隆重、排场的宝塔，真可谓空前绝后。难怪永乐皇帝亲自题写了"第一塔"的塔名，以示对塔也是对母亲的尊重。

　　这一被世人推崇的中古世纪奇迹之一的宝塔，曾经在雨花台畔耸立了 400 多个春秋，不幸于 19 世纪中叶被毁，但它的美名早已载入世界文明的史册。今天，每当我们在南京博物院中看到它遗留下来的五彩琉璃雕饰构件，就会约略想见它那高耸入云的雄伟身姿。

5 傣族塔

傣族是中国的少数民族之一，聚居在西南边陲的云南西双版纳和德宏地区。那里有原始森林的旖旎风光，有犀鸟和野象等珍禽异兽，有傣族乡情的竹楼和竹楼里纯朴的主人，有古老的傣乡习俗和多彩多姿的节日。这一切美妙风光，又似乎全都集中在那色彩斑斓的傣族佛寺和洁白无瑕的傣族佛塔上。

在这片风景秀丽的土地上，几乎"有寨必有寺，有寺必有塔"。而且，高高的佛塔，往往是一个寨子的标志，它们像一颗颗耀眼的明珠，镶嵌于这个诱人的"孔雀之乡"。

塔，是傣族人民十分喜爱的建筑物，因而傣族佛塔也具有悠久的建筑历史。大约在 1000 多年前，印度的小乘佛教开始传入我国傣族聚居区，并逐渐取代了当地的原始宗教，形成全民信仰佛教的局面。从那时起，在这一地区出现了佛寺和佛塔。但是，傣族普遍筑塔是 15 世纪以后的事，这时正是我国的明、清时期，因而傣族塔的绚丽应源于明、清古塔的发展。

傣族塔造型独特。由于傣族聚居区与缅甸接壤，所以这些佛塔具有缅寺塔的艺术风格，也有人便直接称它们为"缅寺塔",在中国古塔的百花园中,一枝独秀,引人注目。缅寺塔和喇嘛塔一样,至今仍保留着直接脱胎于印度窣堵坡的明显印记。但是它以其低伏的塔身、高耸俊秀的塔刹,与喇嘛塔形成鲜明的对照,可以说它们是同宗异流,形式和风格殊途同归而又迥然有别。如果说喇嘛塔,特别是早期喇嘛塔尚具有粗犷质朴的男性美的话,那么,缅寺塔则有一种深具绰约风姿的女性美。

傣族塔大多选建在山坡高地上,塔体呈圆形,表面涂以白灰,象征着佛的圣洁。这些挺拔耸立的古塔,和金碧辉煌的傣族佛寺、轩敞雅致的边寨竹楼、苍翠欲滴的浓郁丛林相互掩映陪衬,显得多姿多彩,风韵无限。

傣族塔也由塔基、塔身和塔刹三部分组成,但三者一气呵成,不可分割。塔基包括坛台,形成塔座,一般呈正方形,高度大都在 1 米左右,基座上四角建有供奉或奉献钱财的小龛。塔身包括钟座和覆钵两部分,形式有八角形、折角亚字形,但大多为钟形或圆形,呈葫芦状。塔刹包括莲座、蕉苞、宝伞、风标和钻球等部分,由塔身逐步过渡成有强烈向上趋势的尖针形刹杆,类似于由一节比一节小的环节堆积而成。

总的来说,傣族塔一般体量较小,高度通常在十几米左右,没有内地古塔那样高大。塔多为砖砌,基座部分常常被涂得五颜六色,好像鲜花一样捧托着上边通体洁白的塔体。一些名贵的佛塔还要彩绘贴金,在佛龛边上饰以彩色卷云纹样,使佛塔在秀雅挺拔中透出高贵的金气。塔中大多置有金板，上刻建塔年月。塔上还留有佛洞，以安放信徒们奉献的金、银、珠宝等财物。

傣族塔不仅造型独特，而且讲求组合，因而有独塔、双塔和群塔的区别。景洪一带和橄榄坝曼廷寺、曼苏曼寺大塔，属于独塔。特别是曼苏曼大塔，以其简洁的造型、雍容的气质，堪称傣族塔中的代表作。勐海佛寺塔是傣族塔中双塔的著名实例。双塔可以是形式完全一样的两塔，也可以是形式不一样的两塔，而个体的形式同独塔没有什么区别。大勐龙曼飞龙塔，是中国少见的群塔形式，是由八个小塔和一个中心大塔组成的所谓"塔诺"。"诺"在傣语中是竹笋的意思，用"诺"称呼这类群塔可以说是环境的体现，也十分恰当。曼飞龙塔整体造型表现出来的大小塔尖簇拥耸立的形态，确有雨后春笋争相破土之势。这类傣族塔中的群塔形式很可能是受金刚宝座式塔的影响而产生的一种变体。

除了以上造型风格一致的傣族塔外，该地区还有一种亭式塔以及许许多多的井塔，造型也是十分奇特。亭式塔如景真八角亭式塔，把亭和塔再次巧妙地结合起来，充分显示出傣家地区的特有风情。

傣族塔是傣族古老传统建筑艺术的体现。它同傣族人民的文化和生活的关系源远流长，一直到今天，二者仍然紧紧地联系在一起。每逢傣族的传统节日，人们常常喜欢围在塔旁，翩翩起舞，或进行各种各样的庆祝活动和社交活动。在傣族的盛大节日——泼水节里，人们更喜欢在塔前跳舞、丢包、泼水祝福。

①景洪曼苏曼塔。在景洪县城东南 10 公里处澜沧江畔的橄榄坝上，有一所叫曼苏曼的佛寺。寺内佛殿的右边，矗立着一幢造型简洁、修长隽雅、高耸挺拔、气质雍容的佛塔，它就是被誉为中国傣族塔中单塔的杰作——曼苏曼塔。

曼苏曼塔建于清代，高 13.3 米。其中，塔基高 1.3 米，分做两层。塔身平面呈"亚"字型，立面上分做大小、宽窄和高低不同的 32 层线脚，总高 7.2 米。塔刹由钟座和刹杆组成，高 4.8 米。在第二层塔基的四个角上，各有一头泥塑的坐兽，四个边上还布置有 24 个小莲花柱子，像赕（音 dǎn）塔，为人们奉献给佛祖的供品似的，摆得齐齐整整。

所谓"赕塔"，是傣族人民为了美好的未来向佛祖作奉献。每当新历十月或十一月下旬，就是赕塔的日子，耸立在各处山头的傣族塔，都无一例外地被披上五彩缤纷的各种奉献物，打扮得花枝招展。从清晨到黄昏，几乎全寨子的人都要赶到塔下，祈求佛祖的赐福。人们拿着鲜花、蜡烛、水果、饼干和糖块，以及用钱票、现金等做成的奉献品，人人赤着脚，神情端肃地在塔台上按照顺时针方向绕塔三周，边绕圈边诵着经句，而心里向佛祖诉说着自己的愿望，同时寻找恰当的部位摆上自己的奉献品。赕塔这一盛大节日，充分表现出塔同傣家人民的密切关系。

曼苏曼塔的前边是经堂，后边是僧舍，彼此错落穿插，勾画出一幅韵致生动、活泼有趣的画面，而巍巍耸立的曼苏曼塔，便成为这个画面上位置突出、美丽夺目的一景。

②景洪曼飞龙白塔。曼飞龙白塔是一座梅花瓣状的群塔，位于西双版纳傣族自治州景洪县的大勐龙，因其塔体洁白，又位于曼飞龙寨子的后山上而得名。整座群塔由九座塔所组成，八个子塔围绕着中心母塔，犹如雨后春笋破土而生，因此又有"笋塔"之称。

曼飞龙白塔素以造型优美、风格别致而著称。塔建于傣历565年（1204年）。它的建筑形式，参考了东南亚国家流行的小乘佛教的形式，但又结合了当地的建筑传统，具有浓厚的民族风格。塔基为1米多高的八角形基座，座上最外圈为八个佛龛；中圈为八个小塔，即子塔，围绕着中心大塔，即母塔。大塔高为16.29米，雄伟挺耸，一塔突起；子塔高9.1米，小巧玲珑，众星捧月。九塔均为砖砌，圆形实心，外形如耸立着的一群下大上小的串葫芦。塔身外粉刷特制的植物胶砂浆，坚实牢固。顶部莲花瓣状的座上为贴金的喇叭状锥体塔刹和相轮。在金灿灿的塔尖上，有铜铃发出叮当叮当的清脆响声。

塔身上还有各种精美的浮雕、塑饰和彩画，加上优美的造型、素洁的塔体、金色的尖刹，与蓝天白云交相映衬，显得分外和谐。曼飞龙白塔是佛教传入西双版纳后最先建的三座塔之一，传说在正东佛龛下面，埋葬着佛祖释迦牟尼的足印，因此该群塔在佛教中颇受重视。

③景真八角亭式塔。位于勐海县城西14公里的景

真山上，又称勐景佛塔，是一座名闻中外的罕见的砖木结构建筑。

景真八角亭式塔是把亭和塔巧妙地结合在一起的特殊建筑。塔由塔基、亭身、十层塔檐和塔刹所组成，总高15.42米。塔基为砖砌亚字形须弥座，高、宽各为2.5米和8.6米。亭身四方开门，可以出入。景真八角亭式塔最为特殊也最令人惊讶的部分，是塔身之上的十层塔檐。檐为悬山式，向上呈鱼鳞状而依次缩小，最后渐渐集中于一金属圆盘之下。每层塔檐的脊背上皆装有小金塔、禽兽和火焰状琉璃。塔檐的上方是杆状塔刹，刹杆上装着刻有网状哨眼的金属薄片，风一吹动，哨声骤起，韵味无穷。塔基和塔身的外表都抹浅红色泥皮，并镶有各种彩色玻璃，此外还以金银粉印出各种花卉、动物及人物图案。整座塔宛如一朵盛开的重瓣莲花，在阳光下熠熠闪光、华彩夺目。

该塔建于傣历1063年（1701年）。据傣族佛经记载，塔是仿照佛祖释迦牟尼的帽子的式样修造的，在建造时有内地汉人前来协助，因此可以说是傣、汉两族人民共同智慧和技术的结晶。塔成之后，曾经历过三次大的修复，但现在仍保持了原有的风格。

附录　我国现存历代名塔一览表

　　我国现在尚存3000多座古塔，它们几乎在每个省区都有分布。在介绍古塔流变的过程中，我们已列举了一部分塔例作为说明，但那仅仅是极具代表性的少数塔体而已。限于篇幅，无法再做更多的介绍，特在这里刊出历代名塔一览表，目的是让读者更多地了解一些历代古塔的情况。

　　需要说明的是，这其中的大多数塔，虽然创建于某个时代，但此后历代往往续有损坏和维修。这样，有些塔体可能较好地保存了原来的风格，有的也可能有所改变。不管哪种情况，我们都把它放在初建的那个朝代里。

　　表中所举之塔，绝大部分在上海辞书出版社所出版的《中国名胜词典》中有较详细的介绍，如果想了解具体的情况，可以翻检该书。

中国现存历代名塔一览表

南北朝

塔　名	所在地	风　格	形　制	高度(米)
嵩岳寺塔	河南登封	密檐式	12角5层	40
佛光寺祖师塔	山西五台	亭阁式	6角	8
幽居寺塔	河北灵寿	楼阁式	方形7层	20
洪谷寺塔	河南林县	密檐式	7层	15.4

隋

塔　名	所在地	风　格	形　制	高度(米)
东山宝塔	湖北荆门	楼阁式	8角7层	33.3
四门塔	山东历城	亭阁式	方形	15.04
奉圣寺舍利生生塔	山西太原	楼阁式	8角7层	30
圣寿寺塔	陕西西安	楼阁式	方形7层	20

唐

塔　名	所在地	风　格	形　制	高度(米)
大雁塔	陕西西安	楼阁式	方形7层	59.9
小雁塔	陕西西安	密檐式	方形13层	43
兴教寺塔	陕西西安	楼阁式	方形5层	21
修定寺塔	河南安阳	单层塔	方形	9.5
明惠大师石塔	山西平顺	亭阁式	方形	7
泛舟禅师塔	山西运城	亭阁式	圆形	10
九顶塔	山东历城	亭阁式	8角形	13.3
龙虎塔	山东历城	亭阁式	方形	10.8
净藏禅师塔	河南登封	亭阁式	8角	9
毗卢塔	湖北黄梅	亭阁式	方形	15
大颠祖师塔	广东潮阳	亭阁式	圆形	2.8
定光佛舍利塔	天津蓟县	楼阁式	8角3层	
普救寺舍利塔	山西永济	密檐式	方形13层	50
北塔	辽宁朝阳	密檐式	方形13层	41.8
法王寺塔	河南登封	密檐式	方形15层	40
七祖塔	河南临汝	密檐式	方形9层	22

续表

附录 我国现存历代名塔一览表

塔　名	所在地	风　格	形　制	高度（米）
法行寺塔	河南临汝	密檐式	方形9层	30
宝轮寺舍利塔	河南陕县	密檐式	方形13层	26
开元寺砖塔	河北正定	密檐式	方形9层	48
东寺塔	云南昆明	密檐式	方形13层	36
西寺塔	云南昆明	密檐式	方形13层	36
千寻塔	云南大理	密檐式	方形16层	69.13
弘圣寺塔	云南大理	密檐式	方形16层	40
蛇骨塔	云南下关	密檐式	方形13层	39
香积寺塔	陕西西安	密檐式	方形11层	33
南寺唐塔	陕西蒲城	密檐式	方形11层	39
圣容寺塔	甘肃永昌	密檐式	方形7层	12
普彤寺塔	河北隆尧	楼阁式	8角8层	33
饶阳店古塔	河北故城	楼阁式	8角7层	
奉圣寺舍利塔	山西太原	楼阁式	8角7层	30
木叉祖师塔	山西五台	楼阁式	6角4层	10
万藏砖塔	山西五台	楼阁式	13层	45
东海会寺琉璃塔	山西阳城	楼阁式	8角10层	20
大云寺方塔	山西临汾	楼阁式	方形6层	30
白蛇塔	山西临猗	楼阁式	方形7层	30
泖塔	上海青浦	楼阁式	方形5层	
宏觉寺塔	江苏南京	楼阁式	8角7层	25
栖霞寺舍利塔	江苏南京	楼阁式	8角5层	15
支云塔	江苏南通	楼阁式	8角5层	
镇国寺塔	江苏高邮	楼阁式	方形7层	
南峰塔	浙江建德	楼阁式	方形7层	
北峰塔	浙江建德	楼阁式	方形7层	
功臣塔	浙江临安	楼阁式	方形5层	
江心屿东塔	浙江温州	楼阁式	方形7层	
仙人塔	安徽宁国	楼阁式	6角7层	26
西林塔	江西庐山	楼阁式	6角7层	
大胜塔	江西九江	楼阁式	6角7层	42.26
柏子塔	湖北麻城	楼阁式	6角7层	32.7
郑公塔	湖北广济	楼阁式	8角7层	30

137

续表

塔　名	所在地	风　格	形　制	高度(米)
慈氏塔	湖南岳阳	楼阁式	8角7层	39
瘗发塔	广东广州	楼阁式	8角	7.8
龟峰塔	广东河源	楼阁式	6角7层	16
正相塔	广东龙川	楼阁式	6角7层	32
龙兴寺塔	广东新会	楼阁式	8角6层	3.94
杜顺法师塔	陕西长安	楼阁式	方形7层	13
清凉国师塔	陕西长安	楼阁式	方形5层	7
八云塔	陕西周至	楼阁式	方形7层	42
薄太后塔	陕西礼泉	楼阁式	方形7层	40
八宝玉石塔	陕西户县	楼阁式	8角12层	2.33
罗什塔	甘肃武威	楼阁式	8角12层	32
甘露寺铁塔	江苏镇江	楼阁式	8角4层	13
阿育王塔	山西代县	喇嘛塔		1.5
木龙洞石塔	广西桂林	喇嘛塔		4.3
房山云居寺塔	北京房山	墓塔群		
栖岩寺群塔	山西永济			
灵岩寺墓塔林	山东长清			
少林寺塔林	河南登封			
渤海石灯塔	黑龙江宁安	亭阁式	8角	6
大姚白塔	云南大姚	磬棰形		18
台藏塔	新疆吐鲁番	土塔	方形	20
道德经幢	河北易县		8角	6
南翔寺经幢	上海嘉定		6角20层	8
松江唐经幢	上海松江		8角21层	9.3
龙兴寺经幢	浙江杭州		8角9层	
惠山双经幢	江苏无锡		8角8层	5.3

五代

塔　名	所在地	风　格	形　制	高度(米)
光孝寺东铁塔	广东广州	楼阁式	方形7层	7.69
光孝寺西铁塔	广东广州	楼阁式	方形7层	仅存三层
妙乐寺塔	河南武陟	密檐式	方形13层	20
千佛塔	广东梅县	金属塔	方形7层	7
象塔	广东东莞	亭阁式	8角	3.8
白塔	浙江杭州	楼阁式	8角9层	
功臣塔	浙江临安	楼阁式	方形5层	
崇妙保圣坚牢塔	福建福州	楼阁式	8角7层	35
精进寺塔	陕西澄城	楼阁式	方形9层	38

宋

塔　名	所在地	风　格	形　制	高度(米)
北响堂山塔	河北邯郸	楼阁式	8角9层	
舍利塔	河北武安	楼阁式	8角13层	40
普利寺塔	河北临城	楼阁式	方形9层	30
料敌塔	河北定县	楼阁式	8角11层	84.2
景州塔	河北景县	楼阁式	8角13层	63
令公塔	山西五台	楼阁式	6角3层	10
白塔	山西太谷	楼阁式	8角7层	50
慈相寺塔	山西平遥	楼阁式	8角9层	45
天宁寺双塔	山西平定	楼阁式	8角4层	30
圣寿寺舍利塔	山西芮城	楼阁式	8角13层	48
许仙塔	山西临猗	楼阁式	方形7层	30
龙华塔	上海市上海县	楼阁式	方形7层	40.4
法华塔	上海嘉定	楼阁式	方形7层	
松江方塔	上海松江	楼阁式	方形9层	48.5
西林塔	上海松江	楼阁式	8角7层	
护珠塔	上海松江	楼阁式	8角7层	12
李　塔	上海松江	楼阁式	方形7层	
秀道者塔	上海松江	楼阁式	8角7层	
青龙塔	上海青浦	楼阁式	8角7层	
上定林寺塔	江苏江宁	楼阁式	8角7层	13
海青寺阿育王塔	江苏连云港	楼阁式	8角9层	35
虎丘塔	江苏苏州	楼阁式	8角7层	47
北寺塔	江苏苏州	楼阁式	8角9层	76
双塔寺双塔	江苏苏州	楼阁式	8角7层	
瑞光塔	江苏苏州	楼阁式	8角7层	42.3
文通塔	江苏淮安	楼阁式	8角7层	44.1
崇教兴福寺方塔	江苏常熟	楼阁式	方形9层	60
灵光多宝塔	江苏吴县		8角9层	
六和塔	浙江杭州	楼阁式	8角7层	59.89
保俶塔	浙江杭州	楼阁式	6角7层	45.3
江心屿西塔	浙江温州	楼阁式	方形7层	

附录　我国现存历代名塔一览表

续表

塔　名	所在地	风　格	形　制	高度(米)
飞英塔	浙江湖州	楼阁式	8角7层	
延庆寺塔	浙江遂昌	楼阁式	6角7层	50
龙德塔	浙江浦江	楼阁式	6角7层	
黄金塔	安徽无为	楼阁式	6角9层	30
天寿寺塔	安徽广德	楼阁式	6角7层	45
双塔	安徽宣城	楼阁式	方形7层	20
水西大砖塔	安徽泾县	楼阁式	6角7层	
长庆寺塔	安徽歙县	楼阁式	方形7层	
太平塔	安徽潜山	楼阁式	8角7层	50
万佛塔	安徽蒙城	楼阁式	8角13层	38
镇国塔	福建泉州	楼阁式	8角5层	48.24
仁寿塔	福建泉州	楼阁式	8角5层	44.06
闽江金山塔	福建福州	楼阁式	8角7层	10
吉祥塔	福建古田	楼阁式	8角9层	25
释迦文佛塔	福建莆田	楼阁式	8角5层	36
三峰寺塔	福建长乐	楼阁式	8角7层	27.4
姑嫂塔	福建晋江	楼阁式	8角5层	21.65
红塔	江西景德镇	楼阁式	6角7层	40
永福寺塔	江西波阳	楼阁式	6角9层	50
本觉寺塔	江西吉安	楼阁式	6角9层	25
南塔	江西永新	楼阁式	8角9层	17
东山文塔	江西安福	楼阁式	8角9层	40
慈云塔	江西赣州	楼阁式	6角9层	40
宝福寺塔	江西石城	楼阁式	6角7层	
大圣寺塔	江西信丰	楼阁式	6角9层	50
大宝光塔	江西赣县	楼阁式	6角7层	4
辟支塔	山东长清	楼阁式	8角9层	54
兴隆塔	山东兖州	楼阁式	8角15层	54
宝相寺塔	山东汶上	楼阁式	8角15层	45
佑国寺塔	河南开封	楼阁式	8角13层	54.66
繁塔	河南开封	楼阁式	6角3层	31.67
胜果寺塔	河南修武	楼阁式	8角9层	26.15
崇法寺塔	河南永城	楼阁式	8角9层	40

古塔史话

续表

塔　名	所在地	风　格	形　制	高度(米)
寿圣寺塔	河南商水	楼阁式	6角9层	41.5
乾明寺塔	河南鄢陵	楼阁式	6角13层	38.3
悟颖塔	河南汝南	楼阁式	6角9层	20
福胜寺塔	河南邓县	楼阁式	8角7层	36
兴福寺塔	湖北武汉	楼阁式	8角4层	11.25
石榴花塔	湖北武汉	楼阁式	6角3层	4
大圣寺塔	湖北红安	楼阁式	6角13层	40
舍利宝塔	湖北浠水	楼阁式	6角5层	4.86
十方佛塔	湖北黄梅	楼阁式	8角7层	6.36
释迦多宝如来塔	湖北黄梅	楼阁式	8角5层	
花塔	广东广州	楼阁式	8角9层	57
文光塔	广东潮阳	楼阁式	8角7层	50
北山石塔	广东阳江	楼阁式	8角7层	
大悲院石塔	四川邛崃	楼阁式	方形13层	
邠县塔	陕西彬县	楼阁式	8角7层	50
泰塔	陕西旬邑	楼阁式	8角7层	56
东华池塔	甘肃华池	楼阁式	8角7层	26
环县塔	甘肃环县	楼阁式	8角5层	22
承天寺塔	宁夏银川	楼阁式	8角11层	64.5
海宝塔	宁夏银川	楼阁式	方形11层	53.9
玉泉棱金铁塔	湖北当阳	楼阁式	8角13层	17.9
聊城铁塔	山东聊城	楼阁式	8角13层	15.8
济宁铁塔	山东济宁	楼阁式	8角9层	23.8
婆罗门塔	福建同安	石构实心		4.5
三潭石塔	浙江杭州	葫芦状		2
曼飞龙白塔	云南景洪	葫芦状		16.29
千佛陶塔	福建福州	楼阁式	8角9层	6.83
历城僧墓塔林	山东历城			
赵州陀罗尼经幢	河北赵县	楼阁式	8角7层	18
梵天寺经幢	浙江杭州	亭盖式		15.67
开化寺连理塔	山西太原	密檐式	方形	
雁塔	山西霍县	密檐式	8角5层	16
林泉寺古塔	山西原平	密檐式	8角5层	15

续表

塔　名	所在地	风　格	形　制	高度(米)
延庆寺舍利塔	河南济源	密檐式	6角7层	26
明福寺塔	河南滑县	密檐式	8角7层	40
圣寿寺塔	河南睢县	密檐式	6角9层	22
大悲观音塔	河南宝丰	密檐式	8角9层	
高塔寺塔	湖北黄梅	密檐式	8角13层	50
正觉寺北塔	四川彭县	密檐式	方形13层	28
归州塔	四川宜宾	密檐式	方形13层	30
灵宝塔	四川乐山	密檐式	方形13层	38
多宝塔	四川大足	密檐式	8角13层	30
白塔	四川南充	密檐式	11层	39.56
三阳寺塔	陕西高陵	密檐式	8角13层	53
北寺塔	陕西蒲城	密檐式	方形13层	38
开明寺塔	陕西洋县	密檐式	方形13层	

辽

塔　名	所在地	风　格	形　制	高度(米)
天宁寺塔	北京	密檐式	8角13层	57.8
万佛堂华塔	北京房山	密檐式	8角13层	
古佛舍利塔	天津蓟县	密檐式	8角13层	
观音寺白塔	天津蓟县	密檐式	8角	30.6
觉山寺塔	山西灵丘	密檐式	8角13层	
析木城金塔	辽宁海城	密檐式	8角13层	31.5
广济寺塔	辽宁锦州	密檐式	8角13层	57
嘉福寺塔	辽宁义县	密檐式	8角13层	42.5
崇兴寺东塔	辽宁北镇	密檐式	8角13层	43.5
崇兴寺西塔	辽宁北镇	密檐式	8角13层	42
兴城白塔	辽宁兴城	密檐式	8角13层	43
双塔岭东塔	辽宁绥中	密檐式	8角9层	24
双塔岭西塔	辽宁绥中	密檐式	6角7层	10
八棱观塔	辽宁朝阳	密檐式	8角13层	34.4
云接寺塔	辽宁朝阳	密檐式	方形13层	32
大城子塔	辽宁喀喇沁左翼自治县	密檐式	8角9层	30
农安辽塔	吉林农安	密檐式	8角13层	33

续表

塔　名	所在地	风　格	形　制	高度(米)
大明塔	内蒙古宁城	密檐式	8角13层	74
五十家子塔	内蒙古敖汉旗	密檐式	8角13层	41
林东南塔	内蒙古巴林左旗	密檐式	8角7层	20
良乡多宝佛塔	北京房山	楼阁式	8角5层	36
云居寺塔	河北涿州	楼阁式	8角6层	
智度寺塔	河北涿州	楼阁式	8角5层	
佛宫寺木塔	山西应县	楼阁式	8角9层	67.13
万部华严经塔	内蒙古呼和浩特	楼阁式	8角7层	43
庆州白塔	内蒙古巴林右旗	楼阁式	8角7层	49.48

金

塔　名	所在地	风　格	形　制	高度(米)
万松老人塔	北京	密檐式	7层	
圆觉寺塔	山西浑源	密檐式	8角9层	
白塔	辽宁辽阳	密檐式	8角13层	71
崇寿寺塔	辽宁开原	密檐式	8角13层	45.82
齐云塔	河南洛阳	密檐式	方形13层	24
天宁寺三圣塔	河南沁阳	密檐式	方形13层	30
临济寺澄灵塔	河北正定	密檐式	8角9层	33
李皇甫塔	河北涞水	密檐式	8角13层	15
镇岗塔	北京	楼阁式	8角	18
文峰塔	河南安阳	楼阁式	8角5层	38.65
潭柘寺群塔	北京			
银山宝塔塔群	北京昌平			
广惠寺花塔	河北正定			
金代经幢	河北卢龙	楼阁式	8角7层	10
尊胜陀罗经幢	河北固安	楼阁式	8角9层	7
昭关石塔	江苏镇江	过街塔		4.7

元

塔　名	所在地	风　格	形　制	高度(米)
妙应寺白塔	北京西城	喇嘛塔		50.9
比丘尼首坐塔	山西长治	单层塔	方形	2.3
柏林寺塔	河北赵县	楼阁式	8角7层	40

附录　我国现存历代名塔一览表

143

续表

塔 名	所在地	风 格	形 制	高度(米)
华严塔	上海金山	楼阁式	方形7层	
普庆寺塔	浙江临安	楼阁式	6角7层	
天封塔	浙江宁波	楼阁式	6角7层	50
阿育王寺塔	浙江鄞县	楼阁式	6角7层	36
多宝塔	浙江普陀	楼阁式	方形5层	30
六胜塔	福建晋江	楼阁式	8角5层	31
古南塔	江西吉安	楼阁式	6角9层	
灵济塔	湖北武汉	楼阁式	8角7层	43
珠玑塔	广东南雄	楼阁式	8角7层	3.5
千佛塔	云南陆良	楼阁式	6角7层	15
镇海塔	宁夏灵武	楼阁式	8角7层	43.6
胜象寺塔	湖北武汉	喇嘛塔		50.9
一百零八塔	宁夏青铜峡	塔群		

明

塔 名	所在地	风 格	形 制	高度(米)
真觉寺金刚宝座塔	北京海淀	金刚宝座式		
慈寿寺塔	北京	密檐式	8角13层	50
多宝佛塔	天津蓟县	密檐式	13层	
秀峰寺塔	辽宁铁岭	密檐式	8角9层	
法门寺塔	陕西扶风	密檐式	8角13层	45
崇文寺塔	陕西泾阳	密檐式	8角13层	79.19
白衣寺塔	甘肃兰州	密檐式	8角13层	20
双塔寺文宣塔	山西太原	楼阁式	8角13层	54.7
竹林寺塔	山西五台	楼阁式	8角5层	25
狮子窝琉璃塔	山西五台	楼阁式	8角13层	35
西海会寺琉璃塔	山西阳城	楼阁式	8角13层	50
广胜寺飞虹塔	山西洪洞	楼阁式琉璃塔	8角13层	47.31
万固寺释迦塔	山西永济	楼阁式	8角13层	54
五福寺文峰塔	江苏南通	楼阁式	8角5层	
龙光塔	江苏无锡	楼阁式	8角7层	
文峰塔	江苏扬州	楼阁式	8角7层	
报恩塔	江苏镇江	楼阁式	8角7层	
永寿寺塔	江苏溧水	楼阁式	8角7层	

续表

塔　名	所在地	风　格	形　制	高度(米)
镇海塔	浙江海宁	楼阁式	6角7层	40
振风塔	安徽安庆	楼阁式	8角7层	72
金柱塔	安徽当涂	楼阁式	6角7层	
觉寂塔	安徽潜山	楼阁式	8角7层	30
定光白塔	福建福州	楼阁式	8角7层	41
罗星塔	福建福州	楼阁式	8角7层	31.5
瑞云塔	福建福清	楼阁式	8角7层	30
龙门塔	福建龙岩	楼阁式	8角3层	9
萤英塔	江西南昌	楼阁式	6角7层	30
锁江楼宝塔	江西九江	楼阁式	6角7层	35
文星塔	江西弋阳	楼阁式	8角7层	
文昌塔	江西新干	楼阁式	8角7层	30
报恩寺塔	江西永丰	楼阁式	6角9层	30
崇文塔	江西万安	楼阁式	8角9层	
慈云寺塔	江西赣州	楼阁式	6角9层	
水口塔	江西宁都	楼阁式	6角9层	
朱华塔	江西兴国	楼阁式	6角7层	
龙珠塔	江西瑞金	楼阁式	6角7层	
松抱塔	山东崂山	楼阁式	8角9层	
临清砖塔	山东临清	楼阁式	8角9层	60
文明寺塔	河南许昌	楼阁式	8角13层	52
万寿宝塔	湖北沙市	楼阁式	8角7层	40
青云塔	湖北黄冈	楼阁式	6角7层	43
北塔	湖南邵阳	楼阁式	8角7层	26
东塔	湖南桂阳	楼阁式	8角7层	25
文昌塔	湖南祁阳	楼阁式	8角7层	26
回龙塔	湖南零陵	楼阁式	8角7层	30
泗州塔	广东惠州	楼阁式	6角7层	
邕州塔	广东广州	楼阁式	8角9层	
雄狮古塔	广东五华	楼阁式	8角7层	35.5
凤凰塔	广东潮州	楼阁式	8角7层	
旧寨塔	广东顺德	楼阁式	8角7层	35.58
崇禧塔	广东肇庆	楼阁式	8角9层	57.5

附录　我国现存历代名塔一览表

续表

塔　名	所在地	风　格	形　制	高度(米)
三元塔	广东德庆	楼阁式	8角9层	
寿佛塔	广西桂林	楼阁式	8角7层	13.3
东塔	广西桂平	楼阁式	8角9层	50
延安宝塔	陕西延安	楼阁式	8角9层	44
白塔	甘肃兰州	楼阁式	8角7层	17
康济寺塔	宁夏同心	楼阁式	6角13层	40
泰安铁塔	山东泰安	楼阁式	6角13层	
显通寺铜塔	山西五台	楼阁式	8角13层	8
紫铜华严塔	四川峨眉	楼阁式	14层	7
孤山铁塔	陕西府谷	楼阁式	方形12层	5
千佛铁塔	陕西咸阳	楼阁式	方形10层	
圆照寺塔	山西五台	喇嘛塔		10
塔院寺大白塔	山西五台	喇嘛塔		50
大满禅师塔	湖北黄梅	喇嘛塔		5
文风塔	湖北钟祥	喇嘛塔		26
舍利塔	广西桂林	喇嘛塔		12.83
普贤塔	广西桂林	喇嘛塔		14
白居寺塔	西藏江孜	喇嘛塔		11
昆明金刚塔	云南昆明	金刚宝座式		17

清

塔　名	所在地	风　格	形　制	高度(米)
多宝琉璃塔	北京	楼阁式	8角7层	16
万寿塔	上海青浦	楼阁式	方形7层	
慈寿塔	江苏镇江	楼阁式	8角7层	30
光福塔	江苏吴县	楼阁式	方形7层	20
龙锁石塔	福建霞浦	楼阁式	8角7层	
龙华双石塔	福建仙游	楼阁式	8角5层	30
绳金塔	江西南昌	楼阁式	8角7层	59
天然塔	湖北宜昌	楼阁式	8角7层	42
兴文塔	湖北五峰	楼阁式	6角7层	30
连珠塔	湖北恩施	楼阁式	6角7层	30
永怀塔	湖南鄱县	楼阁式	6角7层	
灵塔	台湾新竹	楼阁式	5层	

续表

塔　名	所在地	风　格	形　制	高度(米)
北海白塔	北京	喇嘛塔		35.9
衍福寺塔	黑龙江肇源	喇嘛塔		15
莲性寺白塔	江苏扬州	喇嘛塔		30
镇山宝塔	广东新会	喇嘛塔		2.76
如意宝塔	青海湟中	喇嘛塔		6
太平塔	青海湟中	喇嘛塔		4
席力图召双耳塔	内蒙古呼和浩特	喇嘛塔		15
碧云寺塔	北京	金刚宝座式		34.7
清净化城塔	北京	金刚宝座式		28
金刚宝座舍利塔	内蒙古呼和浩特	金刚宝座式		13
鹅銮鼻灯塔	台湾屏东	灯塔		18
苏公塔	新疆吐鲁番		圆形	44
景真八角亭塔	云南勐海	亭式塔	亚字形	15.42

147

《中国史话》总目录

系列名	序号	书名	作者
物质文明系列（10种）	1	农业科技史话	李根蟠
	2	水利史话	郭松义
	3	蚕桑丝绸史话	刘克祥
	4	棉麻纺织史话	刘克祥
	5	火器史话	王育成
	6	造纸史话	张大伟 曹江红
	7	印刷史话	罗仲辉
	8	矿冶史话	唐际根
	9	医学史话	朱建平 黄 健
	10	计量史话	关增建
物化历史系列（28种）	11	长江史话	卫家雄 华林甫
	12	黄河史话	辛德勇
	13	运河史话	付崇兰
	14	长城史话	叶小燕
	15	城市史话	付崇兰
	16	七大古都史话	李遇春 陈良伟
	17	民居建筑史话	白云翔
	18	宫殿建筑史话	杨鸿勋
	19	故宫史话	姜舜源
	20	园林史话	杨鸿勋
	21	圆明园史话	吴伯娅
	22	石窟寺史话	常 青
	23	古塔史话	刘祚臣
	24	寺观史话	陈可畏

系列名	序号	书名	作者
物化历史系列（28种）	25	陵寝史话	刘庆柱　李毓芳
	26	敦煌史话	杨宝玉
	27	孔庙史话	曲英杰
	28	甲骨文史话	张利军
	29	金文史话	杜　勇　周宝宏
	30	石器史话	李宗山
	31	石刻史话	赵　超
	32	古玉史话	卢兆荫
	33	青铜器史话	曹淑芹　殷玮璋
	34	简牍史话	王子今　赵宠亮
	35	陶瓷史话	谢端琚　马文宽
	36	玻璃器史话	安家瑶
	37	家具史话	李宗山
	38	文房四宝史话	李雪梅　安久亮
制度、名物与史事沿革系列（20种）	39	中国早期国家史话	王　和
	40	中华民族史话	陈琳国　陈　群
	41	官制史话	谢保成
	42	宰相史话	刘晖春
	43	监察史话	王　正
	44	科举史话	李尚英
	45	状元史话	宋元强
	46	学校史话	樊克政
	47	书院史话	樊克政
	48	赋役制度史话	徐东升

系列名	序号	书名	作者
制度、名物与史事沿革系列（20种）	49	军制史话	刘昭祥 王晓卫
	50	兵器史话	杨毅 杨泓
	51	名战史话	黄朴民
	52	屯田史话	张印栋
	53	商业史话	吴慧
	54	货币史话	刘精诚 李祖德
	55	宫廷政治史话	任士英
	56	变法史话	王子今
	57	和亲史话	宋超
	58	海疆开发史话	安京
交通与交流系列（13种）	59	丝绸之路史话	孟凡人
	60	海上丝路史话	杜瑜
	61	漕运史话	江太新 苏金玉
	62	驿道史话	王子今
	63	旅行史话	黄石林
	64	航海史话	王杰 李宝民 王莉
	65	交通工具史话	郑若葵
	66	中西交流史话	张国刚
	67	满汉文化交流史话	定宜庄
	68	汉藏文化交流史话	刘忠
	69	蒙藏文化交流史话	丁守璞 杨恩洪
	70	中日文化交流史话	冯佐哲
	71	中国阿拉伯文化交流史话	宋岘

系列名	序号	书名	作者
思想学术系列（21种）	72	文明起源史话	杜金鹏　焦天龙
	73	汉字史话	郭小武
	74	天文学史话	冯　时
	75	地理学史话	杜　瑜
	76	儒家史话	孙开泰
	77	法家史话	孙开泰
	78	兵家史话	王晓卫
	79	玄学史话	张齐明
	80	道教史话	王　卡
	81	佛教史话	魏道儒
	82	中国基督教史话	王美秀
	83	民间信仰史话	侯　杰
	84	训诂学史话	周信炎
	85	帛书史话	陈松长
	86	四书五经史话	黄鸿春
	87	史学史话	谢保成
	88	哲学史话	谷　方
	89	方志史话	卫家雄
	90	考古学史话	朱乃诚
	91	物理学史话	王　冰
	92	地图史话	朱玲玲

系列名	序号	书名	作者
文学艺术系列（8种）	93	书法史话	朱守道
	94	绘画史话	李福顺
	95	诗歌史话	陶文鹏
	96	散文史话	郑永晓
	97	音韵史话	张惠英
	98	戏曲史话	王卫民
	99	小说史话	周中明　吴家荣
	100	杂技史话	崔乐泉
社会风俗系列（13种）	101	宗族史话	冯尔康　阎爱民
	102	家庭史话	张国刚
	103	婚姻史话	张　涛　项永琴
	104	礼俗史话	王贵民
	105	节俗史话	韩养民　郭兴文
	106	饮食史话	王仁湘
	107	饮茶史话	王仁湘　杨焕新
	108	饮酒史话	袁立泽
	109	服饰史话	赵连赏
	110	体育史话	崔乐泉
	111	养生史话	罗时铭
	112	收藏史话	李雪梅
	113	丧葬史话	张捷夫

系列名	序号	书名	作者
近代政治史系列（28种）	114	鸦片战争史话	朱谐汉
	115	太平天国史话	张远鹏
	116	洋务运动史话	丁贤俊
	117	甲午战争史话	寇伟
	118	戊戌维新运动史话	刘悦斌
	119	义和团史话	卞修跃
	120	辛亥革命史话	张海鹏 邓红洲
	121	五四运动史话	常丕军
	122	北洋政府史话	潘荣 魏又行
	123	国民政府史话	郑则民
	124	十年内战史话	贾维
	125	中华苏维埃史话	杨丽琼 刘强
	126	西安事变史话	李义彬
	127	抗日战争史话	荣维木
	128	陕甘宁边区政府史话	刘东社 刘全娥
	129	解放战争史话	朱宗震 汪朝光
	130	革命根据地史话	马洪武 王明生
	131	中国人民解放军史话	荣维木
	132	宪政史话	徐辉琪 付建成
	133	工人运动史话	唐玉良 高爱娣
	134	农民运动史话	方之光 龚云
	135	青年运动史话	郭贵儒
	136	妇女运动史话	刘红 刘光永
	137	土地改革史话	董志凯 陈廷煊
	138	买办史话	潘君祥 顾柏荣
	139	四大家族史话	江绍贞
	140	汪伪政权史话	闻少华
	141	伪满洲国史话	齐福霖

系列名	序号	书名	作者
近代经济生活系列（17种）	142	人口史话	姜涛
	143	禁烟史话	王宏斌
	144	海关史话	陈霞飞　蔡渭洲
	145	铁路史话	龚云
	146	矿业史话	纪辛
	147	航运史话	张后铨
	148	邮政史话	修晓波
	149	金融史话	陈争平
	150	通货膨胀史话	郑起东
	151	外债史话	陈争平
	152	商会史话	虞和平
	153	农业改进史话	章楷
	154	民族工业发展史话	徐建生
	155	灾荒史话	刘仰东　夏明方
	156	流民史话	池子华
	157	秘密社会史话	刘才赋
	158	旗人史话	刘小萌
近代中外关系系列（13种）	159	西洋器物传入中国史话	隋元芬
	160	中外不平等条约史话	李育民
	161	开埠史话	杜语
	162	教案史话	夏春涛
	163	中英关系史话	孙庆

系列名	序号	书名	作者
近代中外关系系列（13种）	164	中法关系史话	葛夫平
	165	中德关系史话	杜继东
	166	中日关系史话	王建朗
	167	中美关系史话	陶文钊
	168	中俄关系史话	薛衔天
	169	中苏关系史话	黄纪莲
	170	华侨史话	陈　民　任贵祥
	171	华工史话	董丛林
近代精神文化系列（18种）	172	政治思想史话	朱志敏
	173	伦理道德史话	马　勇
	174	启蒙思潮史话	彭平一
	175	三民主义史话	贺　渊
	176	社会主义思潮史话	张　武　张艳国　喻承久
	177	无政府主义思潮史话	汤庭芬
	178	教育史话	朱从兵
	179	大学史话	金以林
	180	留学史话	刘志强　张学继
	181	法制史话	李　力
	182	报刊史话	李仲明
	183	出版史话	刘俐娜
	184	科学技术史话	姜　超

系列名	序号	书名	作者
近代精神文化系列（18种）	185	翻译史话	王晓丹
	186	美术史话	龚产兴
	187	音乐史话	梁茂春
	188	电影史话	孙立峰
	189	话剧史话	梁淑安
近代区域文化系列（11种）	190	北京史话	果鸿孝
	191	上海史话	马学强　宋钻友
	192	天津史话	罗澍伟
	193	广州史话	张　苹　张　磊
	194	武汉史话	皮明庥　郑自来
	195	重庆史话	隗瀛涛　沈松平
	196	新疆史话	王建民
	197	西藏史话	徐志民
	198	香港史话	刘蜀永
	199	澳门史话	邓开颂　陆晓敏　杨仁飞
	200	台湾史话	程朝云

《中国史话》主要编辑出版发行人

总 策 划	谢寿光	王　正	
执行策划	杨　群	徐思彦	宋月华
	梁艳玲	刘晖春	张国春
统　　筹	黄　丹	宋淑洁	
设计总监	孙元明		
市场推广	蔡继辉	刘德顺	李丽丽
责任印制	岳　阳		